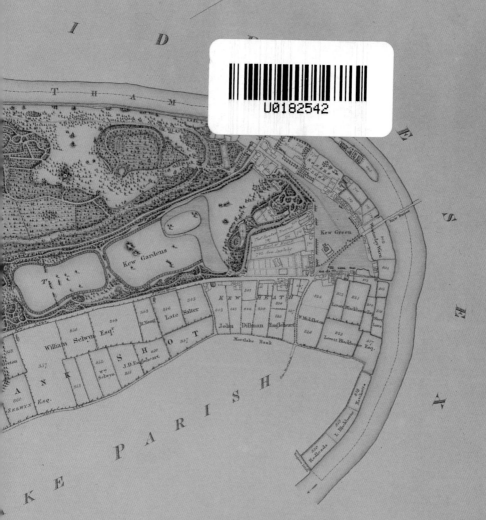

PLAN
of the Royal Manor of
RICHMOND,
otherwise
WEST SHEEN,
in the County of Surry;
in *GRANT to*
HER MAJESTY.
Taken under the Direction of
PETER BURRELL ESQ:
His Majesty's Survʳ Genˡ
in 1771, by *Thoˢ Richardson in*
York Street, Cavendish Square.

约瑟夫·班克斯

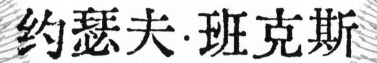

在植物王国的探险故事

[英] 克里斯蒂娜·哈里森 —— 著

燕子 —— 译

中国科学技术出版社
· 北 京 ·

图书在版编目 (CIP) 数据

约瑟夫·班克斯在植物王国的探险故事 / (英) 克里斯蒂娜·哈里森著；燕子译 . -- 北京：中国科学技术出版社，2023.7

书名原文：The Botanical Adventures of Joseph Banks

ISBN 978-7-5236-0219-5

Ⅰ . ①约… Ⅱ . ①克… ②燕… Ⅲ . ①植物 – 普及读物 Ⅳ . ① Q94-49

中国国家版本馆 CIP 数据核字 (2023) 第 087156 号

著作权合同登记号：01-2022-4272

The Botanical Adventures of Joseph Banks 原书于 2020 年由 Kew Publishing 出版

策划编辑	徐世新
责任编辑	向仁军
版式设计	周伶俐
封面设计	周伶俐
责任校对	邓雪梅
责任印制	李晓霖

出　　版	中国科学技术出版社
发　　行	中国科学技术出版社有限公司发行部
地　　址	北京市海淀区中关村南大街 16 号
邮　　编	100081
发行电话	010-62173865
传　　真	010-62173081
网　　址	http://www.cspbooks.com.cn

开　　本	880mm×1230mm　1/32
字　　数	72 千字
印　　张	4
版　　次	2023 年 7 月第 1 版
印　　次	2023 年 7 月第 1 次印刷
印　　刷	北京瑞禾彩色印刷有限公司
书　　号	ISBN 978-7-5236-0219-5 / Q·251
定　　价	58.00 元

目录

当约瑟夫·班克斯完成南太平洋和冰岛探险之旅返回英国后,著名肖像画家乔舒亚·雷诺兹爵士(Sir Joshua Reynold)为他留下了这幅洋溢着青春气息的肖像。班克斯身旁的那个地球仪意味着他正酝酿着更遥远的征途,据说他左手稿纸上的拉丁文写的是:"明天我们将启程返回浩瀚的海洋。"

© Agnew's, London/Bridgeman
Images

序

如果要真正理解约瑟夫·班克斯爵士（Sir Joseph Banks）对大英帝国在18世纪末和19世纪初崛起所产生的全方位影响，仅仅以一个生活在21世纪人的视角是很难做到的。在世界地理大发现与大开发的时代，班克斯同时担负着两个关键角色：亲历者（或许说更重要的是舍生取义者、赞助方）和引路人。无论是在传播和认识当时不同领域最新自然科学研究方面，还是在为大英帝国开疆扩土、奠定基业，以及帮助帝国将那些最新经济学理论转化为财富方面，班克斯在同时代人中都独具匠心、无人可比。

早在青年时代，班克斯就对探寻大自然特别是植物世界奥秘产生了浓厚的兴趣，他在牛津大学上学期间专门征得植物学讲席教授的同意，系统研修了多门植物学课程，这也是他的决心和抱负的真实写照。

作为英国皇家海军中尉詹姆斯·库克（James Cook）第一次太平洋探险活动（1768—1771）的科考组组长和慷慨资助者，班克斯肩负两项使命：第一项是带领科学家从南太平洋观察金星凌日（the transit of Venus）；第二项更为重要，负责协助库克船长寻找传说中的"南方大陆"（Terra Incognita），即今天的澳大利亚。

在1768年至1771年的三年探险中，班克斯的发现一方面帮助人们认识了南半球多样而独特的动植物物种，另一方面为科学家后来完成"地球表面大陆结构拼图"迈出了实质性的第一步。

于1771年返回英格兰以后，班克斯在植物学领域赢得了盛誉，其知名度和影响力迄今都无人超越。本书介绍了他曾担任过的不同职务及所发挥的作用，从中你会看到，班克斯的功绩不仅限于他作为国王乔治三世的顾问，在基尤皇家植物园的创建与发展方面所发挥的独特作用，还包括他个人为英国一些重要科学学会、研究机构的设立所给予的指导、支持和游说等。他被任命为英国皇家学会主席时才35岁，在任的41年中，他为学会的发展作出了巨大贡献。

班克斯还参与创建了几个重要研究机构，其中包括专门致力于提高园艺技术的英国园艺学会（今天的英国皇家园艺学会）和专门研究植物和动物的林奈协会

班克斯和他领导的植物学家们不断将从世界各地采集到的植物样本带回英国，刺毛哨兵花（Albuca setosa）就是其中之一，它由苏格兰植物学家弗朗西斯·马森（Francis Masson）于1795年在非洲好望角发现并带回基尤。这幅精美的刺毛哨兵花插图是专门为《柯蒂斯植物学杂志》（Curtis's Botanical Magazine）制作的。

（the Linnean Society）。

班克斯的影响范围远远超越了英国本土，例如，他是在澳大利亚新南威尔士沿岸建立殖民地的主要倡议者，并且是50多个国外研究机构的荣誉研究员。

为丰富园林艺术和发展农业，班克斯亲自资助、指导并组织了一些植物学家前往植物种类丰富的遥远大陆寻找新种群。今天几乎无处不在且被人们所能辨认的绝大多数园林植物，都是由班克斯资助的采集项目首先推广到园林艺术中的。

这些采集者都是知识渊博且富于献身精神的人，为了这项事业，他们中的大多数都是在寻找和采集植物的旅途中失去生命的。用当下的话说，约瑟夫·班克斯爵士是那个时代最具影响力的人物之一。时至今日，人们仍能不断地从他的研究成果中获益，对此我们应心存感激。通过本书，我们将从他精彩的人生故事中，了解他在植物研究领域留下的不朽功绩。

理查德·巴利（Richard Barley），基尤皇家植物园园艺研究与运营部主任

导读

作为杰出的博物学家，约瑟夫·班克斯爵士的一生写满了重大发现、神秘人物、异域风光和植物探险的传奇故事。仅从这篇简短的导读中，读者也能感受到班克斯对植物的痴迷以及他所取得的巨大研究成果。从本书所列举的物品、信函、图书以及选自他帮助创建的（基尤）皇家植物园的部分植物标本、说明等，读者不但将了解到更多关于他的轶事，并且还能发现他是如何通过植物以不同方式对人们的世界观产生影响的。

熟悉基尤皇家植物园或自然科学的人可能对班克斯都会有所了解，但如果将班克斯作为一个历史人物去看，大多数人对他感到陌生也是很正常的。生活在乔治王朝时代的班克斯是一个富有而慷慨的绅士，为了帮助他所热爱的英国增加财富并提高全球知名度，他一生都在运用自己的影响力从世界各地收集植物，进而也不断提高了自己在这方面的威望。

早在青少年时期，班克斯就对自然世界充满好奇，并对自己如何系统接受植物科学教育进行了精心谋划。之后，他终其一生收集了数量巨大的植物，而这些植物对科学研究者都是全新的。为此，他还专门创立了一座独特的"植物图书馆"并建起了一个由植物学家组成且具广泛影响力

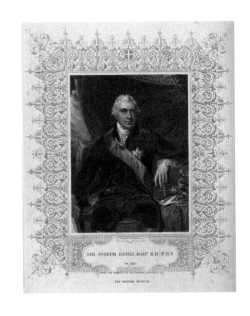

作为英国乔治王朝时代一位典型的绅士，班克斯对自然历史的挚爱和对植物学的不懈追求，绝不是为了中饱私囊，而是为了其祖国的发展。

图片来自韦尔科姆收藏馆（Wellcome Collection）

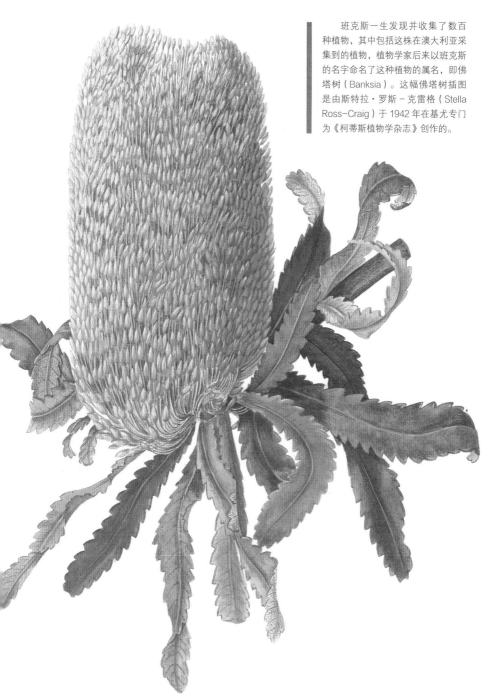

班克斯一生发现并收集了数百种植物，其中包括这株在澳大利亚采集到的植物，植物学家后来以班克斯的名字命名了这种植物的属名，即佛塔树（Banksia）。这幅佛塔树插图是由斯特拉·罗斯－克雷格（Stella Ross-Craig）于1942年在基尤专门为《柯蒂斯植物学杂志》创作的。

的朋友圈。假如说班克斯对植物的爱不是发自内心的话，那么在乔治王朝时代也许只是多了一个举止优雅的大庄园主，而不会诞生一位杰出的科学家。

班克斯在科学界的影响如此广泛，还因为他为一些重要机构的创立与发展所作出的个人贡献。他亲手创立了英国基尤皇家植物园，参与了皇家园艺学会的组建。作为英国皇家学会主席，他还与包括大英博物馆、林奈协会等不少重要机构保持着良好的互动。他从纽芬兰、南美洲、澳大利亚和冰岛探险之旅中获得了极大的乐趣，他对茶叶和大麻种植也发挥了重要的作用。据说，他还参与了1789年英国皇家海军"邦蒂"（HMS Bounty）号兵变事件。此外，他通过大量的书信对一些具有全球性意义的重大事件发挥了个人影响，例如在澳大利亚设立殖民地等。

然而，作为英国乔治王朝时代的典型代表，班克斯又是一个复杂的人物，在某些方面充满了争议。如果想写班克斯，就不得不面对这一切。好在有关这位杰出科学家的权威传记和书籍已经出版了不少，而专家们根据一些新发掘的重要素材，仍在不断对其成就做出评价。作为本书的作者，我参阅了一些为纪念班克斯在植物领域的研究成果而撰写的书籍和文章，我认为应鼓励专家对他在这方面的成就继续进行更深入的挖掘（见第124页）。

2020年，恰逢纪念班克斯逝世200周年，并筹备班克斯随同库克船长驾驶"奋进"号完成对南太平洋探险返回英国250周年的纪念活动，在这个特殊的时间点，再次审视班克斯并思考他的一生对我们今天生活所产生的影响，仍然具有十分重要的意义。

约瑟夫·班克斯被看作是基尤皇家植物园创立者之一，他的这尊半身雕像，现陈列在伦敦基尤植物标本集、书籍和档案馆的前厅。

班克斯亲手采集并带回英国的各种植物多达数千种，这株鹦喙花（*Clianthus puniceus*）就是他乘"奋进"号到达新西兰后首次发现并采集的（见第 27 页）。

植物学的兴起

要说班克斯过着一种令人艳羡的特权生活，这可能有失偏颇。班克斯于1743年出生在一个富有家庭，他家位于林肯郡里夫斯比阿比的庄园，只是其家族房产中的一部分。他家以前是自耕农，生活在约克郡一个名字颇为喜庆的城镇——吉格尔斯威克（Giggleswick）。相较而言，班克斯家的发迹史并不算长。约瑟夫·班克斯的父亲威廉·班克斯一生都致力于拓展家族地产，此外还担任过林肯郡议员和执政官。

父母聘请了家庭教师，于是班克斯成了家里第一个接受"绅士"教育的成员。他从这种自由、宽松的学习环境中受益匪浅，因此有许多时间到田野里玩耍和垂钓。为了让孩子接受更全面的教育，班克斯9岁时，父母把他送到哈罗公学。据说，他到那儿上学还是有一定收获的。在别人的眼里，他是个"活泼男孩"，不太用功。13岁时，班克斯来到伊顿公学，在当时的人看来，该校并不适合"文质彬彬"的学生，而班克斯却与老师和同学们相处融洽。爱德华·扬（Edward Young）是一名导师助理，他曾说班克斯"对他并不关注"而且"贪玩"，尽管如此，他还是在班克斯的学业上发挥了重要作用。

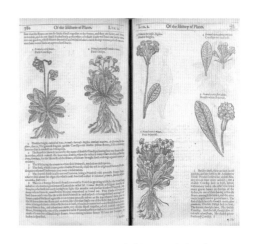

班克斯1757年在母亲那里见到杰勒德撰写的《植物志》。这部书是17世纪最著名的一本植物学专著，广为人们借鉴，至今仍在印制。这是1597年版本，现收藏于基尤图书馆。

班克斯曾回忆说，14岁时，有一天在泰晤士河畔散步，他突然注意到身边到处都是绽放的野花，那美景给他留下了深刻印象。他从中得到了启示，很快就迷上了植物学。一次回家的时候，他发现母亲有一本约翰·杰勒德（John Gerard）写的《植物志》（Herball，1597年第一次出版），于是他把该书带回了学校。没用多长时间，班克斯就对本地的植物名称谙熟于心并开始制作自己的植物标本集；从那时起，他对植物学的迷恋一发不可收拾并伴随了自己的一生。帕特里克·奥布赖恩（Patrick O'Brian）是班克斯传记的作者之一，他说"多亏有了植物学，否则他的头脑绝不会有什么靓丽的火花。"在伊顿期间，班克斯结交了一位特殊朋友——康斯坦丁·菲普斯（Constantine Phipps），他将对班克斯的未来产生重要影响（见第13页）。

1760年，班克斯作为"绅士自费生"进入牛津大学。他努力学习自然哲学和植物学，为此他甚至在1764年花钱请剑桥大学的伊斯雷尔·莱昂斯（Israel Lyons）为自己讲授植物学方面的课程。父亲在42岁时去世了，但班克斯仍执着于自己的学习，其精神令人敬佩。很多年轻人会赶紧回家或开始追求自己新发现的挣钱机会，而班克斯却继续自己的学业，并利用母亲在切尔西的宅子拜会了切尔西药用植物园的著名园艺家菲利普·米勒（Philip Miller），而且还向《英格兰植物志》（*Flora Anglica*）的作者威廉·赫德森（William Hudson）学习植物学知识。《英格兰植物志》出版于1762年，班克斯经常将这本书带在身边。

21岁时，班克斯继承的遗产包括在四个县的地产以及每年6000英镑的收入（相当于今天的100多万英镑）。从牛津毕业后，他来到伦敦并加入大英博物馆及其周边形成的一个新圈子，这个圈子由知识分子和有影响力的人物构成。在那儿，他第一次遇到了植物学家丹尼尔·索兰德（Daniel Solander），不久之后，他俩便分享了许多冒险经历。

班克斯原本就应该对蛇头贝母（Fritillaria meleagris）之类的野花很熟悉。这幅选自约翰·威廉·魏因曼（Johann Wilhelm Weinmann）于1739年出版的《花谱》（*Phytanthoza iconographia*）。这部画册现收藏于基尤植物园。

班克斯在 1766 年 6 月的一篇日记中记录了巧遇长叶茅膏菜（*Drosera longifolia*，现为 *Drosera anglica*）的经过。他注意到这一生长在欧洲和北美的物种。这幅精美的插图选自爱德华·汉密尔顿（Edward Hamilton）1852 年出版的《顺势植物图谱》（*Flora Homoeopathica*），现藏于基尤植物园的图书馆。这种植物是这里收藏的许多令人惊异的植物之一。

走进未知世界

在当时的普通年轻人中许多人都期待到欧洲旅行，和这些人不同，班克斯决定到拉普拉多半岛和纽芬兰岛进行植物学考察。年仅22岁的班克斯和密友康斯坦丁·菲普斯一起搭乘托马斯·亚当斯（Thomas Adams）爵士率领的英国皇家海军"尼格尔"（HMS Niger）号舰艇开启了他们的旅程。在岛上，他们仔细观察，认真记录，忙着采集植物、捕捉鸟类和其他动物，在带回的大量植物样本中包括地衣和苔藓，他觉得这些植物和生长在英格兰的植物很类似。班克斯成了第一个按照林奈分类方法对来自纽芬兰的植物发表文章的人。他们带回了总计约340件标本和完整的记录。后来，班克斯对约300件标本进行了分类，包括它们的生长地区和环境等。此外，他还请著名的植物插图画家乔治·狄奥尼修斯·埃雷特（Georg Diony-sius Ehret）在牛皮纸上为其中的23种植物画了插图。这是他制作植物标本集的起点。返回英国后，他进一步学习的决心更坚定了，他的热情和专注也令人津津乐道。

甚至在返回英国前，班克斯就入选了英国皇家学会。其传记作者H. B.卡特（H. B.Carter）说："他的入选并非基于科学活动的成绩而是他所展现的睿智。"这种信任得到的回报远超每个人的期望。

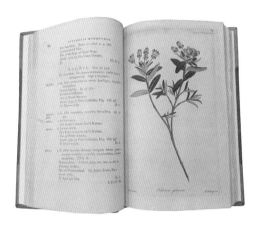

在纽芬兰的 Croque 港，班克斯收集到狭叶花石楠（*Kalmia polifolia*）样本。他在日记里这样写道："今天特别热，晚上出去散步，发现遍地都是狭叶花石楠。"1767 年，他把这一物种带回英国并培植在基尤植物园。这幅画摘自第一版的《基尤植物标本集》（*Hortus kewensis*，1789），是基于埃雷特为班克斯所作插图的原稿创作的。

"奋进"号的旅程
扬帆起航

从纽芬兰和拉普拉多岛返回后，身为皇家学会会员的班克斯忙着继续收集各种植物，同时他还关注着植物学方面新的工作安排和探险活动信息。丹尼尔·索兰德是卡尔·林奈（林奈受封贵族前名Carl Linnaeus，被称为"植物学之父"，班克斯一直遵循其植物命名系统）的学生，也是大英博物馆的一名植物学家，班克斯和索兰德后来成为挚友。

1768年，班克斯听说，为了研究金星凌日的情况，英国海军部准备派詹姆斯·库克中尉出海探险。为此，班克斯请求让自己和其他几个人搭船出海，准备对太平洋的博物学情况进行全面考察。

据说班克斯之前曾在纽芬兰与库克有过短暂接触，但我们尚不知此行出发之前他们之间有多少了解。在皇家学会的支持下，班克斯自己掏钱在"奋进"号上订了9个位子，他决定让索兰德以专家身份随他一同出海，同行的还有博物学家赫尔曼·斯波林（Herman Spöring）以及两名艺术家悉尼·帕金森（Sydney Parkinson）和亚历山大·巴肯（Alexander Buchan），他们将帮助做好记录，此外还带了4名仆人。为这项探险活动，班克斯花

DANIEL CHARLES SOLANDER M.D.

From a Painting in the rooms of the Linnean Society

索兰德是瑞典著名植物学家林奈的学生，就职于大英博物馆，他曾成功将班克斯等人的诸多植物标本编入目录。班克斯和索兰德经常在一起探讨问题，班克斯十分推崇其专业知识，两人遂成了挚友。

了很大一笔钱（约1万英镑）。"此前，没人像这次一样是为了研究博物学而做了大量准备，另外，他们也没有这般优雅。"一个朋友在给林奈的信中这样写道。据说班克斯将一把可折叠、一半衬着软垫的海军椅带上船，供其在船舱里工作时使用。今天，这把椅子仍保存在基尤植物园。

"奋进"号于1768年8月从普利茅斯出发，于1770年抵达澳大利亚。塞缪尔·阿特金斯（Samuel Atkins）的这幅画描绘了"奋进"号在大堡礁搁浅的场面（见第31页）。

图片来自维基共享资源网（Wikimedia Commons）

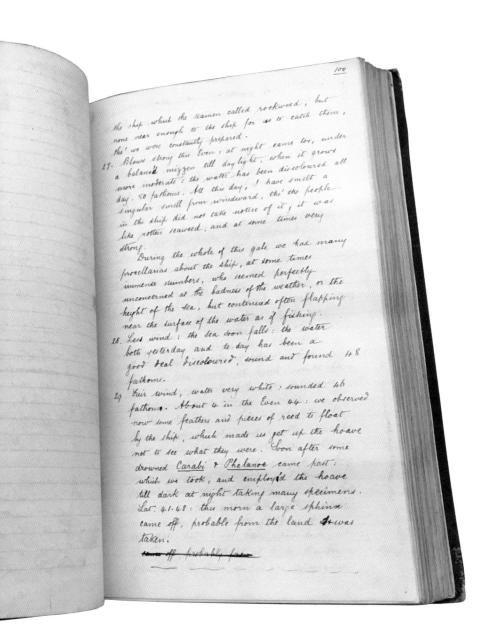

the ship which the seamen called rockweed, but
none near enough to the ship for as to catch them,
tho' we were constantly prepared.

27. Blows strong this Even: at night came too, under
a balanced mizzen till daylight, when it grows
more moderate: the water has been discoloured all
day. 50 fathoms. All this day, I have smelt a
singular smell from windward, tho' the people
in the ship did not take notice of it; it was
like rotten seaweed, and at some times very
strong.

During the whole of this gale we had many
procellarias about the ship, at some times
immense numbers, who seemed perfectly
unconcerned at the badness of the weather, or the
height of the sea, but continued often flapping
near the surface of the water as if fishing.

28. Less wind: the sea soon falls: the water
both yesterday and to-day has been a
good deal discoloured, sound and found 48
fathoms.

29. Fair wind, water very white: sounded 46
fathoms. About 4 in the Even 44: we observed
now some feathers and pieces of reed to float
by the ship, which made us get up the hoave
net to see what they were. Soon after some
drowned _Carabi_ & _Phalanœ_ came past:
which we took, and employ'd the hoave
till dark at night taking many specimens.
Lat. 41.48: this morn a large sphinx
came off, probable from the land & was
taken.

~~came off, probably from~~

航行期间，班克斯认真写着日记，记录他见到的植物、地点和人员。基尤植物园图书馆保存着该日记手稿。

1768年8月16日，班克斯和索兰德出发前往普利茅斯港与"奋进"号会合，从此开启了历史上最重要且最著名的航行之一。正如我们现在了解的那样，这次探险不仅包括对金星凌日进行观测以助力日后的航海活动，而且还要对南太平洋周边陆地进行探测，并使之成为国王陛下的"南方大陆"。此外，这次出行还成就了该世纪的一些最重要的植物学发现。

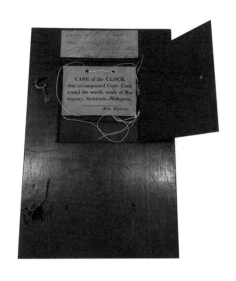

现收藏于基尤植物园的这件物品给人一种神秘感，它是来自"奋进"号上库克船长的钟表盒。有人推测，植物园收藏此物主要是源于对其材质的兴趣（桃花心木），但对木盒本身和里面的钟表，人们则知之甚少。在这次旅程中，库克的"奋进"号上没有经纬仪，他只能靠天上的星星和六分仪来确定自己的方位，但这种方法很容易出错。

← 基尤植物园的藏品中有一把班克斯使用过的海军椅，上面配有一层软垫。据说，这把椅子是班克斯带上"奋进"号的，这让他能舒适地研究和记录新的植物标本。

南美洲

1786年8月25日，"奋进"号从普利茅斯扬帆起航驶往马德拉岛（Madeira）和加那利群岛（Canary Islands），然后穿越大西洋前往南美洲。班克斯尽可能多地记录下自己的航海生活，其实他一直期待着在里约热内卢登岸，尽快开展对植物世界的探索活动。11月13日，"奋进"号抵达里约热内卢，一行人一边欣赏着岸边的一片片棕榈树，一边等候批准他们的登陆申请，却未获官方批准。据说，当地总督

里约热内卢周边的青翠植物深深地吸引着班克斯，他不顾当地总督的决定，趁夜晚靠岸，在那儿他发现了大量植物新品种。这幅画是基尤植物园的收藏品，由维多利亚时代勇敢的艺术家玛丽安娜·诺思（Marianne North）绘制，展示的是1873年的里奥湾（Bay of Rio）和糖面包山（Sugar Loaf Mountain）。

不相信他们的说辞，认为他们是一群间谍。一艘监视船随即停泊在"奋进"号旁边，只允许他们补充给养。

为了研究植物学，班克斯百折不挠，他派人偷偷上岸收集植物（通常在半夜翻过小客舱的窗户，跳进一条等候在外的小船）。有一次，在夜色掩护下，他亲自溜上岸待了一整天。马齿苋（*Malpigias*）、班尼斯特兰（*Bannisterias*）、西番莲（*Pasifloras*），更不要说黄蝴蝶属（*Poinciana*）、含羞草属（*Mimosa sensitiva*）、漂亮的铁远志属（*Clutia*）等植物，令他心醉神迷；包括红心凤梨（*Bromelia karatas*）在内的许多凤梨科植物（bromeliads）让他兴奋异常。12月7日，离港不久，他们很快在一个叫拉扎（Raza）的岛屿抛锚，然后登岛进行植物调查。他们在酷热中忙了整整一天，尽可能多采集些植物样本，其中包括六出花属藤本水百合（*Alstroemeria salsilla*），现称为竹叶吊钟属藤本水百合（*Bomarea salsilla*，见右图）。对每一件精心采集的样本，班克斯和索兰德都会用纸做个标牌并写上名称，以便随时辨认；如果认为是个新物种就交给帕金森，请他绘图。考虑到他们没什么机会接触巴西的植物王国，在此采集的300来件样本确实令人钦佩，其中有些是我们很熟悉的植物，如叶子花（*Bougainvillea spectabilis*）等。

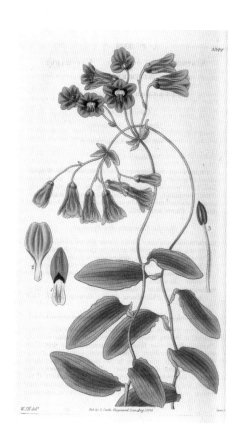

竹叶吊钟属藤本水百合：精致、多年生、喜攀爬，产于南美，根可食用。它的粉红色花朵和绿叶带有褐色斑点，但色彩易变。S.T. 爱德华兹（S. T. Edwards）的这幅画选自 1814 年《柯蒂斯植物学杂志》。

在抵达火地岛（Tierra del Fuego）之前，他们没能再找到采集植物的机会。在火地岛，他们设法收集了上百种植物，而且还看到了假山毛榉（*Nothofagus*）。1769年1月20日，"奋进"号绕过南美洲的南端，然后驶入太平洋的许多无名水域，向社会群岛（Society Islands）和塔希提岛（Tahiti）航行。

卷毛卡特兰（*Cattleya crispa*）：这是里约热内卢附近山上生长的一种兰花，它很美丽，但易患病且花期不固定，因花瓣边缘的皱褶而闻名。在19世纪早期的英国，这种兰花是人们最喜欢的品种之一。这幅手工上色的石版画摘自伊蒂斯·霍兰德·诺顿（Edith Holland Norton）创作的"1880—1882年里约热内卢地区花草集——绘于拉朗盖拉斯（Larangeiras）、蒂华加（Tijuca）、帕奎塔（Paqueta）和佩特罗波利斯（Petropolis）等地，其中许多样本来自原始森林"。该花草集现存于基尤植物园。

→ 卡拉塔斯兰（*Bromelia karatas*）：这种分布广泛、树形高大的凤梨科植物生长在地面，果实呈椭圆形、粉红色，可食用。由于之前曾通过绘画图案研究过这种植物，所以班克斯见到果实后马上就能辨认出来，这让他兴奋不已。这幅插图来自基尤植物园收藏的皮埃尔·约瑟夫·勒杜泰（Pierre Joseph Redouté）的《百合》（*Les Liliacées*）第8卷，出版于1816年。

Bromelia karatas.   *Ananas karat*

塔希提岛——社会群岛

为了观测1769年6月3日的金星凌日现象，"奋进"号于4月13日到达塔希提岛的马塔瓦伊湾（Matavai Bay），这里是一片夹杂着火山灰的黑色海滩，班克斯称之为他所见过的"最真实的世外桃源画面"。年轻的班克斯和蔼友善，他尝试着学习土著语言，曲意逢迎当地女王奥伯蕾（Oborea）和她身边的女人，很快就与当地人建立起了真挚友谊。图巴亚（Tupaia）是当地的一位德高望重的"智者"，他教授班克斯塔希提语，领着他认识当地植物，两人之间的友谊对这次探险活动

发挥了重要作用。班克斯承担起了首席外交官的职责，成了详细记载塔希提文化的第一人。

岛上盛产椰子、面包果、薯蓣、芋头和各种香蕉，此外还有那些"像苹果但味道更好"的水果，很可能是"六月李"——食用槟榔青（*Spondias dulcis*）。所有这些果实都可以用钉子、刀子和珠子之类的物品与当地人交换。除了海岸沿线，班克斯还进入内陆开展植物考察活动，在此期间他还与库克船长一道完成了一次环岛航

基尤植物园的经济植物收藏品中，涉及9万多种与植物有关的物品，其中包括100多件塔帕纤维布。图中这块布出自新西兰的蒂帕帕博物馆（Te Papa museum），是一张19世纪萨摩亚（Samoa）出产的带有精美装饰的塔帕纤维布。

图片来自维基共享资源网

W Woo

　　继"奋进"号航行之后，西方出版了许多有关塔希提岛的雕版画，其中包括这幅基尤植物园收藏的 1773 年雕版，它是根据约翰·霍克斯沃思（John Hawkesworth）的描述制作的。画面中有一棵露兜树（*Pandanus tectorius*），树的每个部分都可利用：叶子可以编成筐或篮子、草席等，可以搭建屋顶；果实可以食用；花朵可制成香料、项圈和顶冠；树干可以造独木舟、武器或房屋；树根则是传统药物。

行。另外，班克斯还收集了一些物件，包括塔帕纤维布（tapa），或称树皮布，这是一种利用构树（*Broussonetia papyrifera*）或面包树的内皮织成的布。有一次，他用自己的丝质围巾和一张亚麻手绢换得一大卷树皮布，约10米长。

被当地人称作"乌鲁"（uru）的面包树让班克斯十分着迷，他对如何烘烤或蒸煮其果实，如何用它的叶子包裹食物，怎样用它的树皮制作布匹，怎样将树干做成木料，怎样用树脂密封独木舟等，都详细做了记录。他认识到这种树易于栽培，届时在英国本土的人也会对相关知识感兴趣（见第70页）。

← 作为一种广泛生长于热带的果树，塔希提李子（Otaheite plum），或也叫"六月李"的果实在完全成熟时，味道十分甘甜。班克斯详细记录了这种树的用途，后来又将其与面包树（*Artocarpus altilis*）一起带到西印度群岛。威廉·罗克斯伯勒（William Roxburgh）曾出资绘制了2500多幅水彩画，并于1879年将这些画赠给基尤植物园。这幅画就是其中的一幅。

新西兰

没有准确的海图，一群人航行在浩瀚无垠的太平洋上，去找寻此前只有极少数人见过的岛屿，这种与世隔绝的孤独感是大多数人难以想象的。诚然，这就是库克与伙伴们精准实施的一次航行。之前，只有波利尼西亚探险家在几百年前进行过这种航行活动。塔希提人图巴亚决定参加这次探险活动并帮助他们从社会群岛航行到新西兰。"奋进"号于1769年7月中旬离开塔希提，经历了近3个月的航行，他们终于在10月6日望见了新西兰岛。

库克的另一项使命是寻找新土地、发现"南方大陆"的更多地区。当时，新西兰实际上还不为欧洲人所知。荷兰航海家阿贝尔·塔斯曼（Abel Tasman）此前曾经短暂造访过这里并取了这个名字，但其海岸线有多长、当地人的情况等仍不得而知。

初次进入北岛的波弗蒂湾（Poverty Bay）时，他们与当地人发生了冲突，船员们开了枪，几个毛利人当场被打死。当地人曾多次在与欧洲人的初始接触中发生过流血事件，这仅是其中的一次。毛利人毫不犹豫地捍卫自己，他们无意与这些闯入者进行贸易和任何交往。

新西兰北岛海岸边废弃的航船。

图巴亚以需要取水、交换些食物为由设法缓解了局面。在此过程中，班克斯只把注意力放在自己的植物考察活动上，不知他用什么方法在波弗蒂湾收集了40多种植物，但他还希望继续前进，以便有更多的自由发现。

后来，他们与一些当地人的交往还算顺利，这让班克斯和索兰德有更多时间在岛上进行植物考察活动，同时对那些令人惊异的动植物做了详细记录。他们收集了超过400种植物，包括高大铁心木（*Metrosideros excelsa*，今天在英国称作新西兰圣诞树）、鹦喙花、小叶槐（*Sophora microphylla*）、白色的向日兰花（*Thelymitra longifolia*）、角状兰花（*Orthoceras novaezeelandiae*）、长阶花属植物（hebes）和许多蕨类植物等。在班克斯收集的种子中，有一些在带回英国后仍能存活，其中包括小叶槐和四翅槐的种子。

班克斯以前从没见过毛利人社会及他们在"菜园"里培植山药、葫芦等作物的专业方法，目睹了这些及新西兰的壮观美景，都给他留下了深刻印象。在日记中，班克斯记录了所发现的许多新植物，比如华美的树木和不同寻常的苔藓等。因为他们之前从没见过或听说过这些植物，所以没给它们起名。在接下来的几个月里，"奋进"号围绕新西兰航行并首次为其绘制了地图，他们确定这是一座岛屿而非某个大陆的一部分。

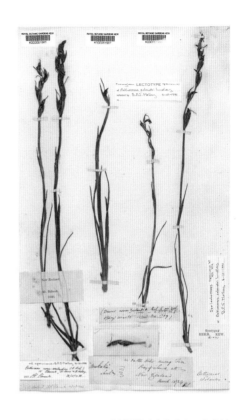

在新西兰南岛和北岛，角状兰花是当地特有品种，每到7月和次年3月，它会绽放出红色、绿色的花朵。这种植物最初是丹尼尔·索兰德在"奋进"号前往新西兰途中采集的，他去世后遂被命名为角状兰花。基尤植物园标本室的这个标本是"选模标本"（lectotype），是用作描述该植物的唯一标本。

班克斯发现并收集到了新西兰亚麻，这种植物被当地人称为"*harakeke*"，其纤维可以制作绳索、渔具和衣服等。新西兰亚麻给班克斯留下了深刻印象，他在返回英国时，特意让人为自己画了一幅身披亚麻斗篷的画像（见第26页）。与在塔希提岛时一样，他还收集了不少文物并带回英国。

这次对新西兰的历史性访问以及随后欧洲人对该地的殖民活动，给毛利人带来了许多影响，人们至今仍感怀至深。1770年3月31日，库克终于完成了新西兰地图的绘制工作，而班克斯也已经收集了数百种新植物标本，现在该是驶往未知的"南方大陆"（澳大利亚）的时候了。

就像塔希提人利用露兜树和椰子树的叶子那样，新西兰亚麻被毛利人赋予了多种用途，比如利用其纤维编织布匹、篮子甚至鞋子，就如同基尤经济植物收藏品中的这双鞋子（左图）。上面的这件器物展示了人们怎样利用贝壳将树叶里的纤维分离出来，然后再编织成麻绳的情形。

这幅画展现的是新西兰瓦卡蒂普湖（Lake Wakatipu），画面近处是一簇新西兰麻。这是维多利亚女王时代的艺术家玛丽安娜·诺思1881年的作品。19世纪，基尤植物园画廊委托诺思绘制了848幅涉及全球植物的绘画作品并对公众展出，这幅画是其中的一幅。

→ 班克斯在新西兰期间采集了7种铁心木。在这些样本中最为人熟知的是现在的新西兰圣诞树（即高大铁心木）。这幅插图是著名艺术家W. H. 菲奇（W. H. Fitch）于1850年为《柯蒂斯植物学杂志》所作。

澳大利亚

"奋进"号这次航行之所以广为人知，很可能得益于库克和班克斯造访了澳大利亚。尽管此前有商人和探险家踏上过这块大陆的西部和北部海岸，但当时欧洲人对东部海岸并不了解，而且也没人制作过相应的地图。1770年4月19日，新南威尔士的海岸映入了船员们的眼帘，"奋进"号开始向北航行，船员们忙着绘制岸线图，班克斯则忙着做好记录："每个山丘都好像披上了绿装，树木高大挺拔。" 4月29日，他们停泊在一个天然港湾，班克斯和索兰德有机会利用几天时间开展植物考察活动。鉴于两人采集了大量植物（132种），库克船长在记录中将此地称作植物湾（Botany Bay），其延伸出去的两端被分别命名为索兰德角（Point Solander）、班克斯角（Cape Banks）。

他们在这里采集了第一批植物的样本，这些植物在今天被视为澳大利亚本地的典型植物，其中就有锯齿佛塔树（Banksia serrata），这是班克斯所记录的4种佛塔树属植物中的一种。授粉后，饱含花蜜的花朵会结出奇异的木质果实，或叫"球果"，这让它们有别于其他植物。作为普通植物，佛塔树属植物遍布整个东海岸，但它们的确很特别、很美，所以该属植物拉丁文学名以班克斯的名字来命名（此外，还有许多其他种植物都以banksia或

今天，人们已知的佛塔树有170多种，其中就包括惊艳的大红佛塔树（Banksia coccinea）。这幅画是著名植物艺术家弗朗兹·鲍尔（Franz Bauer）（见第66页）的作品，原件现藏于基尤植物园。

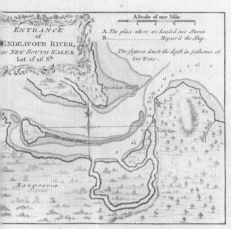

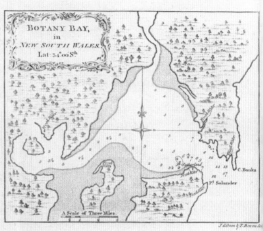

banksiae命名）。如今，记录在案的佛塔树属植物大约有170多个品种（见第113页）。

考古证据表明，原住民在这一地区已经生活了5000多年，"奋进"号水手们在沿岸的确见过很多当地族群。班克斯对相关遭遇情形做了记录，与新西兰和塔希提岛不同，他们和当地人的交流很少。在经过大陆东北角时，"奋进"号撞上了珊瑚礁，必须安排紧急抢修。维修过程长达数周，班克斯利用这段宝贵时间沿着库克船长以"奋进"号命名的河流广泛收集当地植物，当地人称此河为瓦巴鲁姆巴尔(Wabalumbaal)。对采集到的每一个新样本，帕金森都做了详细记录。有感于这次满满

约翰·霍克斯沃思于1773年出版了一本关于"奋进"号航行活动的书，里面附有植物湾和奋进号河的地图，"奋进"号曾在此停留以进行维修。这两幅地图原件由基尤图书馆收藏。

的收获，班克斯在日记中写道，帕金森忙得无暇他顾，"在14天里……94幅素描，真是个快手。"

植物收集活动仍在继续，班克斯和助手们每天都按时做好记录，他们所收集的都是些欧洲人此前从未见过的植物，如桉属植物（*Eucalyptus*）、金合欢属植物（*Acacia*）、白千层属植物（*Melaleuca*）和银桦属植物（*Grevillea*）等。现存于基尤植物园由班克斯制作的标本为数不多，其中一个是暗千层（*Melaleuca arcana*）。这是一种来自北部昆士兰地区的小树，长着乳白色泡沫状花朵，十分惹人喜爱。有人认为该标本的采集地点位于奋进号河北岸的瞭望台附近。和他们记载的其他许多植物一样，这种十分罕见的植物仅生长于被采集地区，但直到1964年基尤植物园才完成相关认定和描述！

澳大利亚的美丽景色及其丰富的植物资源让人流连忘返，而且这里已经有人类居住。尽管如此，不知什么原因，班克斯回国后建议在植物湾周边建立海外流放地，并借此逐步实现英国对澳大利亚的殖民进程。作为该殖民地的最积极支持者，班克斯自始至终都在支持澳大利亚新总督的工作。

1770年年末，"奋进"号开始了从澳大利亚返回英国的旅程。考虑到船舶维修和补充给养的需要，"奋进"号中途停靠

地处温带的澳大利亚森林对班克斯和索兰德而言是一片"狩猎"植物的乐土，他们在这儿收集了数百个新品种。玛丽安娜·诺思的这幅画描绘的是澳大利亚东南部的树蕨林。

在太平洋地区，班克斯每到访一地都要收集一些文化和日用物品，其中有几件就来自澳大利亚。基尤植物园的经济植物收藏品中就有大量原住民手工制品（Caboriginal-artefacts），它们与班克斯收集的物品很类似，包括这件木质的"驱鬼符"。

基尤植物园植物标本集里的这件标本是稀有的暗千层（*Melaleuca arcana*），以班克斯在昆士兰奋进号河的河畔所采集的原物标本制成。

印度尼西亚的雅加达。不幸的是，停留期间有些成员死于非命，帕金森和图巴亚因感染痢疾而身亡，但班克斯却很幸运，安然无恙。班克斯于1771年7月12日回到英国。他带回的3万多件植物标本或样本，让人们认识了全新的110属的1300多种植物，让当时世界对植物进行描述的数量增加了25%。一时间，班克斯和索兰德成了伦敦乃至英国科学界的风云人物。

　　除了大量植物标本和日记，班克斯还保留了几百件帕金森绘制的插图和水彩画。为着手制作一部"植物集"，班克斯聘请了5名艺术家和18位雕刻师，为自己发现的植物制作了743块线雕铜版。后来，为准确描述有关植物，索兰德用了13年时间为上述作品作了配套描述。尽管如此，班克斯却从未将这部《植物集》出版发行。《植物集》第一次印刷是在1980年至1990年，使用的是在自然历史博物馆发现的铜版原件。基尤植物园图书馆收藏了限量版中的一套。

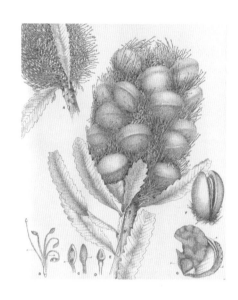

班克斯和索兰德采集的4种植物就是后来人们熟知的佛塔树属植物。现在已知的该属植物有170多种。这株花蜜班克木（*Banksia aemula*）编号为1902-4，生长在新南威尔士的森林中。

→ 澳大利亚植物与欧洲人此前见过的任何其他植物都不同。几十年后的1880年，维多利亚女王时代的画家玛丽安娜·诺思欣喜地绘制了该国两种标志性物种的图画——红柳桉（*Eucalyptus marginata*）和红花银桦（*Grevillea banksii*）。

悉尼·帕金森

在人们眼中，18岁的悉尼·帕金森和蔼可亲、心地善良又极具才华，是一位天才艺术家。在搭乘"奋进"号远航之前，班克斯就聘请他为自己在纽芬兰采集的一些植物作画，1767年还派他前往基尤植物园为植物作画。

登上"奋进"号后，帕金森用自己的画笔记录了大量景观、人物、植物、鱼、鸟和其他动物，就连见到的文化物品也未放过。他的速写极为精准、高效，班克斯深感钦佩，说他工作起来"激情满怀"。帕金森一共绘制了近千幅画，为这次远航及相关发现提供了极有价值的记录。

他工作的空间狭小，条件十分艰苦，面对的是波涛汹涌的大海、蚊虫叮咬、酷热和潮湿等，这对艺术家来说不啻一场梦魇。班克斯曾带上船的艺术家有两人，一位是帕金森，另一位是风景画家亚历山大·巴肯，后者于1769年到达塔希提后不久因癫痫病发作病逝。这样一来，帕金森只好将两项绘画工作都承担起来，同时他也成了到访澳大利亚和新西兰的第一位欧洲艺术家。

"奋进"号上的风景画家亚历山大·巴肯去世后，帕金森在勾勒植物的同时，还要绘制所看到的壮观景色。这幅雕版画选自基尤收藏的《南太平洋航海日记》（*A Journal of a Voyage to the South Seas*），描绘的是新西兰东海岸的托拉加贝湾（Tolago Bay）。

在已出版的帕金森航海日记标题页，有一幅这位年轻艺术家的肖像。

　　帕金森对航行过程和相关发现认真做了记录，令人惋惜的是他没能把自己简朴、通俗的日记带回家。1771年1月26日，在穿越印度洋返回英国途中，帕金森因感染痢疾在"奋进"号上去世。回国时，班克斯带上船的8人中活下来的只有2人。

　　后来，帕金森的弟弟斯坦菲尔德（Stanfield）出版了他的日记，名为《南太平洋航海日记》，在所出版的日记标题页有一幅这位年轻艺术家的肖像。

　　斯坦菲尔德明显感到班克斯对此事心不在焉，遂在序言中表明了自己的强硬态度。班克斯没给斯坦菲尔德安排太多的时间，但还是向他支付了帕金森在这次航行中全部应得的报酬。出于对帕金森的感激之情，又额外支付了500英镑。

觐见国王

英国国王乔治三世对"奋进"号的探险之旅以及在此过程中发现的那些令人着迷的植物兴致盎然。1771年8月10日，班克斯和索兰德在基尤植物园觐见了国王和王后。国王夫妇显然对两人的印象不错，他们随即开始向班克斯征询对建设植物园的建议。1773年年底，班克斯获得了一个"皇家植物园总监"的非官方头衔。

班克斯曾十分期待参与库克的第二次也就是探寻神秘的地球南端大陆（南极洲）之旅。然而，就食宿以及班克斯能携带多少东西上船等细节问题，双方发生了争执，班克斯一怒之下退出，然后策划自己前往苏格兰西部的赫布里底群岛（Hebrides）以及冰岛的探险活动。班克斯一行的出发日期和库克的出发日期都是1772年7月12日，这可能并非巧合。班克斯之所以选择冰岛，这与人们十分感兴趣的火山活动有关，另外就是当时很少有植物学家前往该地考察。他的这次也是最后一次探险活动持续了恰好6个星期，回国时带回了几百件新的植物样本和插图。

继承了基尤和里士满（Richmond）两座花园的英王乔治三世，决心继续他母亲在开发植物园方面的工作。

图片来自维尔科姆收藏馆

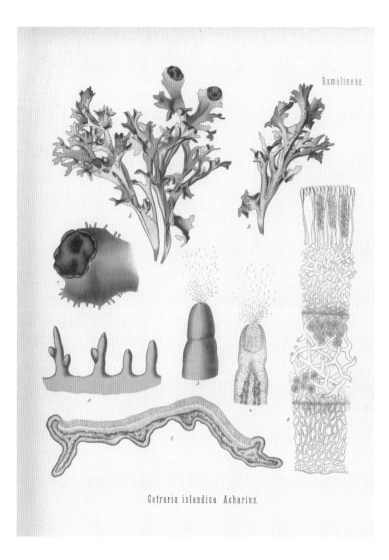

Ramalineae.

Cetraria islandica Acharius.

班克斯在冰岛收集了当地的一批苔藓，其中就有冰岛衣（*Cetraria islandica*）这种植物。这块标注着 "Cetraria islandica acharius" 字样的着色图版，来自基尤图书馆《科勒药用植物》（*Köhler's Medizinal-Pflanzen*）1887 年第 2 卷。

W.ᵐ Marlow delin.ᵗ

A View of the Lake and Island at Kew: seen fr
with the Bridge, the Temples of Arethusa, and Victory, and the Great Pagoda

　　位于基尤的皇家花园是国王乔治的父母威尔士亲王弗里德里克（Frederick）和王妃奥古斯塔（Augusta）亲自规划的景观花园，里面有很多形状怪异的建筑和令人兴致盎然的树木，旁边还有一片占地 11 英亩（约为 4.45 公顷）的植物园。乔治国王和班克斯决定用来自世界各地的植物继续扩充这些花园和植物园。这是早期基尤花园的景色，由近及远朝着宝塔方向展开，这种布局源自威廉·钱伯斯爵士（Sir William Chambers）的花园规划图（1763 年，基尤）。

班克斯在植物学领域造诣深厚而且还采集了大量样本，但对自己的发现他并没出版过任何著作。相反，他将这些无可比拟的收藏展示给了其他科学家，并乐于和他们分享自己的知识。他在伦敦索霍广场32号的宅邸里有一间宽大的植物标本室和一个罕见的科学图书馆，这两处都对研究人员开放，后来逐渐成了科学家和植物学家的一个聚会场所。

基尤成了王室和学者集会的场所。在此，班克斯通常会在周六与国王见面，然后他们在园里一边四处转转，一边讨论花园的改进工作和农业领域最新发展情况等。正是在班克斯和威廉·艾顿（William Aiton，基尤首席园艺师之一）的共同努力下，该园把着眼点放在那些对大英帝国有实用价值的植物品种上，力争使其最终成为"名副其实"的植物园。在奥古斯塔王妃和比特勋爵（Lord Bute，被视为英国植物学先驱之一）之后，两人于1760年开始着手建设"异域风情花园"的工作，这时他们已经收集了大量令人兴趣盎然的植物。

此前，有许多植物都被当作礼物送给基尤或国王。1772年，班克斯建议国王选派人员专门外出进行植物收集活动，以确保王室新收集的植物独步全球（见第50页）。班克斯经常强调要"让王室花园尽可能多地成为新植物的首秀之地"。很快，花园的四周和温室里开始生长起各种新植物。紧接着，班克斯策划并实施了一项新的植物标注计划，就是把以前那种不实用的号码和编目系统转化为一种使所有植物拥有自己完整拉丁名称的系统。事实证明，这种方法很有意义，人们今天还在使用。

乔治三世改扩建这座植物园并使之面目一新，其实这并不仅是个人爱好，还要宣示王室权威和政治影响力。发现新植物、掌握其他人没有的品种会让国王和大英帝国获得某种优势，使之成为一种外交资源。有时，国王会将一些稀有植物作为礼品与其他王室分享。拥有最好的花园和能彰显帝国财富的植物收藏，在当时是一件事关国家之间竞争的事。乔治三世决心让自己的花园成为最具观赏性、多样性和实用性的花园。

从兴趣浓厚的业余爱好者到严谨的博物学者和植物收集者，班克斯如今已经成了全球植物学界最有影响的学者之一。整个18世纪80年代，他与艾顿等人一起在基尤勤奋工作，不断收集各种植物，他们栽种了几百棵树木，其中多是一些来自北美的品种。班克斯、艾顿与植物学家索兰德和乔纳斯·德吕安德尔（Jonas Dryander）反复核实，共同完成了生长在新植物园中的所有植物的名录。这一成果就是1789年出版的3卷本《基尤植物标本集》，该书囊括了5600种植物，里面配有对每种植物的详细介绍。这部书是英国园艺史上最重要的记录史料之一（见第48页）。

鉴于个人的探险经历和在基尤植物园的工作成就，声誉卓著的班克斯于1774年当选为英国皇家学会主席，时年35岁。此后，班克斯把全部精力放在这两个机构和促进科学发展上面。

从基尤图书馆收藏的这张 1771 年的地图可以看出，当时基尤仍是两处皇家园林。小植物园位于基尤花园的北部（地图右侧远端）。乔治国王直到 1802 年才将两园合二为一。

基尤植物园的变迁

对园艺家和植物学家而言，18世纪的确是个令人神往的时期。在皇室和国家的支持下，来自世界各地、以前从没见过或种植过的植物来到英国。从北美运来的新物种有数百个。为了探索和发现，人们纷纷出海，船上都带着博物学家和艺术家。

1759年，当年轻的园艺家威廉·艾顿来到基尤植物园的时候，那里主要是个供人们游玩的花园，里面有雅致的人行道和奇异的建筑。不过，据记载，18世纪60年代初，他负责的只是一个新的药用植物园，该园的规模并不大。菲利普·米勒（Philip Miller）是班克斯的朋友和指导老师。艾顿接受了米勒的培训之后，在培育热带和亚热带植物方面成为英格兰最出色的人。因"精通本职工作"，艾顿在园艺方面的高超技能对提升基尤植物园的声望很有帮助。

比特是个知识渊博同时又有才干的人。起初，艾顿和比特一起在基尤植物园北端靠近橘园的地方开发了一片面积达11英亩（约4.45公顷）的花园，其中包括5英亩（约2公顷）珍奇树种的植物园，这些植物中有少量一直活到了今天，比如老狮子（Old Lion）。尽管人们常把班克斯当成基尤植物园的首任非官方园长，但这个

威廉·艾顿曾对早期基尤花园的兴盛作出了积极贡献，在这幅画像中，他手里拿的植物叫作红笼果（*Aitonia capensis*，现在为 *Nymania capensis*），也叫中国灯笼，原是一种南非灌木，由卡尔·桑伯格（Carl Thunberg）以艾顿的名字命名。一开始有人认为这幅画的作者是约翰·佐法尼（Johann Zoffany），现在多认为是埃德蒙·布里斯托（Edmund Bristow）所作。这幅画作现在收藏于基尤植物园。艾顿的墓地位于基尤植物园草坪的圣安妮教堂。除他以外，还有其他一些杰出人物葬于此地。

View of the Palace at Kew belonging to her Royal Highness the Princess Dowager of Wales.

　　这是由威廉·钱伯斯爵士制作的
版画，描绘的是基尤植物园的风光。
画中的白房子（很遗憾没保留到今天）
是王室游园时居住的地方。右边是橘
园以及原来的花园和植物园。

头衔也适用于比特。其实当班克斯到来时，基尤植物园已经小有名气了。

一些王室成员对植物学很感兴趣，他们为花园赠送了不少新植物，另外来自植物经销商的也有许多。此外，詹姆斯·戈登（James Gordon）和"李-肯尼迪"（Lee & Kennedy）这类苗圃经营者也把自己培养的新植物推荐给了植物园。到18世纪60年代末，基尤植物园已经有了3400种植物。

艾顿第一次见到班克斯的时间是1764年。1767年时，艾顿允许帕金森到基尤植物园为班克斯绘制一些鲜花图样。当班克斯接管花园时，他和艾顿之间发展出了良好的工作关系。早在1773年，班克斯就让植物园的员工种植了数千棵树，包括800多个树种。1772年，班克斯建议雇用一名植物征集人前往南非的开普省（the Cape，南非过去的开普省，见第53页）。很快，艾顿就收到了大批新奇树种。

艾顿将其中的很多树种安置在"大暖房"（Great Stove）中，这是一种早期温室（由建筑师钱伯斯设计，1761年建成），利用腐败的树皮，通过地板下面、墙壁以及部分节段里的烟道供暖。这个温室正对着异域植物园，里面有肉质植物、棕榈树、非洲鳞茎植物以及一些一年生植物等。温室长度有35米左右，是当时英国最大的温室之一，这是一项重要设施，意义重大。

艾顿在植物学方面的才能，打开了比特和班克斯的视野，他们兴致勃勃地到世界各地搜寻不同植物。于是，基尤植物园开始兴旺发达起来。

这株令人惊异的刺眼花（*Boophone disticha*）产自南非的开普省一带，由弗朗西斯·马森于1774年带到基尤，这在他送给植物园的珍稀树种中颇具代表性。

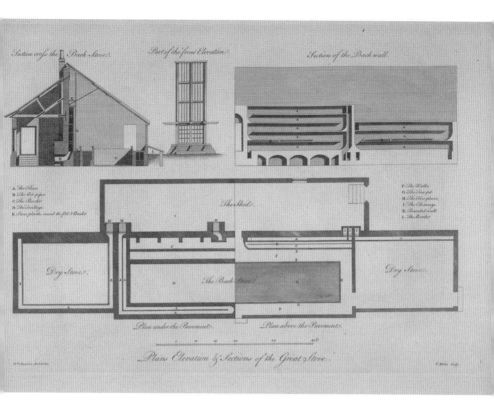

Plans Elevation & Sections of the Great Stove.

基尤的"大暖房"是弗雷德里克亲王建造的，工程于1761年完工。"大暖房"的设计者是钱伯斯爵士和斯蒂芬·黑尔斯（Stephen Hales）教士，里面都是当时英国拥有的一些最重要的罕见树种。这是一张"大暖房"的平面图板，它是基于钱伯斯为萨里郡（1763年，这里是寡居的威尔士王妃居住地）的基尤花园和有关建筑绘制的平面图、正视图和透视图，现收藏于基尤植物园图书馆。

书写园艺历史

艾顿因《基尤植物标本集》而被人们永远铭记。该书首次出版于1789年8月，共3卷，里面罗列了当时基尤植物园的各种植物（5600多种），包括对相关植物的描述和引进的日期等，成了园艺历史上的一个标准。

尽管对植物的相关描述出自乔纳斯·德吕安德尔和其他一些人之手，但该书的作者是艾顿，他被人们称作"御用园艺师"。在给国王的献词中，艾顿写道："此书虽然不厚，但撰写它花费了16年时间，占用了大量业余时间。"这本书成了一个我们了解当时英国植物状况的"时代文物秘藏器"。

在植物园图书馆收藏的第一版里有班克斯的雕刻师丹尼尔·麦肯齐（Daniel Mackenzie）制作的插图。这些插图是在班克斯指导下，麦肯齐以埃雷特和索尔比（Sowerby）等艺术家绘制的图案为蓝本制作的彩色雕版。其中一幅是一种生长在沼泽地区的兰花，班克斯将其命名为 *Limodorum tankervilleae*（现在名为鹤顶兰，*Phaius tankervilleae*）。该称谓是他根据埃玛·坦克维尔（Emma Tankerville）女士的名字命名的。艾姆是一位富有的植物收集者，她居住在泰晤士河畔的沃尔

艾顿的三卷本《基尤植物标本集》成书于1789年，现藏于基尤图书馆的第一版就是一部园艺史。

顿，总想着让自己呵护的植物开花。

艾顿的《基尤植物标本集》并不是一次性写完的，新卷本仍继续出版。另外，该书也不是第一本这类专著，此前，植物学家约翰·希尔（John Hill）于1768年出版过一本著作，里面罗列了3400种植物。《基尤植物标本集》的第二版共有5卷，由艾顿之子W. T. 艾顿于1810年至1813年出版。在基尤植物园，为所有植物进行记录的传统贯穿于19世纪，为此，查尔斯·达尔文（Charles Darwin）甚至安排自己的部分遗产用于支持植物园的这项工作。今

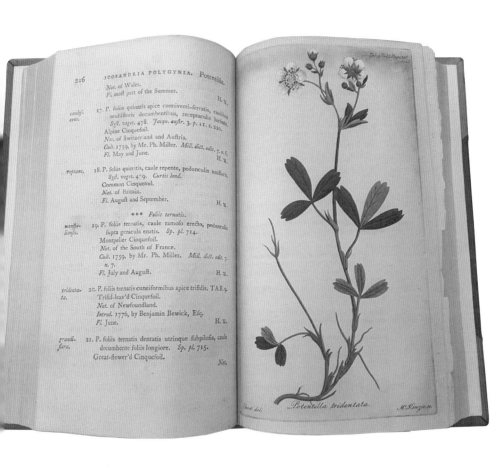

天，这一传统仍在继续。如今，植物档案记录可通过互联网在"国际植物名称索引"或其他数据库中查阅。

《基尤植物标本集》第一版里的插图并不多，其中一幅是山莓草（*Potentilla tridentata*，现称为 *Sibbaldia tridentata*）的绘画。

为基尤植物园搜寻植物

班克斯对乔治三世国王的这个植物园有一个远大的抱负——要让它成为世界上最棒的植物园，使来自全球的各种植物能够在此栽培、成长，之后的成果用于大英帝国的扩张，同时他要让基尤植物园与众不同。为此，班克斯想尽各种办法让乔治三世国王相信，派自己的人前往海外采集植物是有益的。

班克斯想要的是忠诚老实之人，这些人要能够不折不扣地听从指挥，具有园艺和植物学方面的知识，而且事业心要强。他想让这些植物采集者不仅去发现各种新的有趣植物，而且还要带回这些植物如何生长以及可以作何用途的信息。

班克斯将眼光投向了南非、澳大利亚和南美洲。据他本人了解，这些地区的花卉植物丰富，而且能够在远离本土的基尤植物园生长。据说，在这些采集人员出发前，他向他们中的每一位都进行了全面的讲解——植物的采集、干燥、记录、标记、包装，以及用运回英国后的种子和植物进行培育的正确方法，如何在船运过程中防止它们被海上的盐雾腐蚀等（见第74页）。

搜寻植物是一件充满危险的工作，这一点不容否认。植物采集者探寻四方，他

植物采集者从事例行探寻活动时，往往携带各种储存植物的装备，包括"植物标本采集箱"（通常由金属制成，但有时也用皮革或木头打造）。图示的19世纪木质样品，是基尤植物园经济植物收藏品中的一件。

植物搜寻是一项充满危险的职业，并且得不到什么经济回报，但却是周游四方和成为某一地区植物学专家的绝好机会，它让你能够采集到欧洲人前所未见的各种植物。

们往往囊中羞涩、孤立无援、方向不明、地图不全。有数名基尤植物园的采集人员因海难、疾病和其他不幸事件而失去生命，叛乱也时有发生（见第70页）。基尤植物园的第一批植物采集者是弗朗西斯·马森、安东·霍夫（Anton Hove）和乔治·卡利（George Caley），紧随其后的是彼得·古德（Peter Good）、戴维·纳尔逊（David Nelson）、艾伦·坎宁安（Allan Cunningham）、詹姆斯·鲍伊（James Bowie）、威廉·克尔（William Kerr）和其他一些人。1772年，马森离开英国前往南非，开创了为基尤植物园进行野外专业植物采集的一整套做法，这种做法一直延续到今天。

据估计，班克斯通过他本人和其他英勇无畏的采集者们的努力，将超过7000个新植物物种引入英国并进行栽培。

弗朗西斯·马森奔向南方

穿行于维多利亚女王时代的"玻璃房"中(即今日在基尤植物园中的温室),人们就能够观赏到许多非常特殊的植物物种,它们最初是由植物搜寻家弗朗西斯·马森带回英国的。

当年,马森经由艾顿推荐给班克斯,班克斯设法让皇家学会一定将马森推荐给国王。马森没有让国王和班克斯失望。1775年,马森从南非开普省返回英国,带回了令人惊艳的帝王花属植物(*Proteas*)、色泽明快的天竺葵属植物(*Pelargoniums*)和唐菖蒲属植物(*Gladioli*),还有欧石南属植物(*Erica*)、鸢尾科谷鸢尾属植物(*Ixia*)、苏铁属植物(*Encephalartos*)、芦荟属(*Aloes*)和若干肉质开花植物的异域品种,包括十分怪异的犀角属植物(*Stapelia*,马森成为犀角属植物专家)。那时候,在这些开花的"珠宝"运抵英国前,几乎没有几株南非植物被活着运回欧洲。

当"奋进"号停靠在开普敦市(Cape Town)时,班克斯几乎没有时间用于采集并研究植物,因为当时人们认为,自停靠雅加达遭受厄运以后,他一直处于从疾病中逐渐康复的状态。然而,他却隐隐约约看见了植物带给人们愉悦的巨大潜能,更何况马森见到和采集到的几乎一切东

弗朗西斯·马森(1741—1805):基尤植物园首位官方植物采集者。图示肖像由乔治·加勒德(George Garrard)创作,现由伦敦林奈协会收藏。

← 马森在开普省采集了数百种新的植物物种——其中很多(如帝王花属植物)为今天的人们所熟知。图示的美丽霸王花(*Protea formosa*,由马森于1789年引进)插图原件是基尤植物园藏品,系为《柯蒂斯植物学杂志》创作。

西，都证明是奇特的珍宝。马森在其日志中的一处描绘其旅途所见的景色像是，"点缀我身旁的是前所未见、数不胜数的鲜花，风景美丽动人、沁人心脾"。

人们普遍认为是马森在1773年将鹤望兰引入英国的，但艾顿将这归功于基尤植物园的植物学家班克斯。这种植物的拉丁文学名为 *Strelitzia reginae*，是为了纪念乔治三世国王的妻子、梅克伦堡-施特雷利茨公国（Mecklenburg–Strelitz）的夏洛特（Charlotte）。马森随后还引入了该属中其他令人惊艳的物种。总之，据说他将500多种植物物种从南非运回了基尤植物园，其中许多植物都在《柯蒂斯植物学杂志》中以插图方式予以说明，在英国引发了一阵争先目睹"开普花卉"的狂潮。

在班克斯指导下，马森一生致力于植物采集，在亚速尔群岛（Azores）、加纳利群岛（Canaries）、西印度群岛（West Indies）、地中海（Mediterranean）和北非（North Africa）度过了很长一段时光。在南非开普省停留了更长一段时间（9年）后，他最终于1797年动身前往加拿大。此后，他一直居住在加拿大，直到1805年去世，享年65岁，走完了为乔治三世国王和英国寻找各类植物的波澜壮阔的一生。他改变了基尤植物园和英国其他许多植物园的面貌（见第102页和120页）。

↑ 马森是采集鹤望兰（*Strelitzia reginae*）的第一人。该花是为纪念夏洛特王后而命名的。图示画作由弗朗兹·鲍尔（见第66页）创作，现为基尤植物园藏品。

→1775 年，马森从南非发回了一株来自东开普省（Eastern Cape）的植物，即大苏铁（*Encephalartos altensteinii*）。1819 年，这棵苏铁结了一只球果，为此，班克斯特意前往基尤植物园一探究竟。这棵植物已在基尤植物园生长了245 年，常被园方称作世界上年龄最大的盆栽植物。图示球果插图是为《柯蒂斯植物学杂志》创作，于1890 年送至基尤植物园。

½ nat size

Smith del.

孟席斯与智利南洋杉

博物学家和"科学工作者"之所以总能够在官方的"发现之旅"有一席之地，主要归功于班克斯利用自己在英国皇家学会的威望对海军部施加的影响。班克斯经常举荐愿意参加探险航海的各种人才，他向詹姆斯·库克的第三次航海之旅推荐了外科医生威廉·安德森（William Anderson）和基尤植物园的园艺师与植物学家戴维·纳尔逊（见第72页）。

1791年，英国政府决定派出另一支探险队，由乔治·温哥华（George Vancouver）指挥，对好望角（Cape of Good Hope）、澳大利亚、新西兰、塔希提岛、夏威夷岛和加拿大进行观测，勘察北美洲的西北海岸线，最终前往南美洲。这次探险之旅将持续4年。班克斯利用他的影响力，让苏格兰植物学家和外科医生阿奇博尔德·孟席斯（Archibald Menzies）登上了探险船。班克斯指示孟席斯尽可能多地记录，从所遇到的当地人那里搜集植物、动物、鸟类以及其他各类物品，并叮嘱他定期进行更新。

此次航行并非孟席斯第一次到访美洲，前几次航行时，他曾向班克斯和基尤植物园寄回过植物种子。然而，这次探险之所以被人铭记，是因为它第一次记录了

在基尤植物园的档案馆中，孟席斯寄给班克斯的一封信揭示了采集智利南洋杉树种的惊奇故事。

　　智利南洋杉现在是智利的国树，已被列为濒危树种，因为它的野生数量正在受到森林砍伐和火灾的威胁。人们正努力对它进行保护，并且一些具有与雨林气候相似的北半球植物园都在种植智利南洋杉，以保护它们的遗传多样性。维多利亚时代的画家玛丽安娜·诺思，在这幅画中展现了她捕捉到的这些树的精彩之处，这幅画现收藏在基尤植物园。

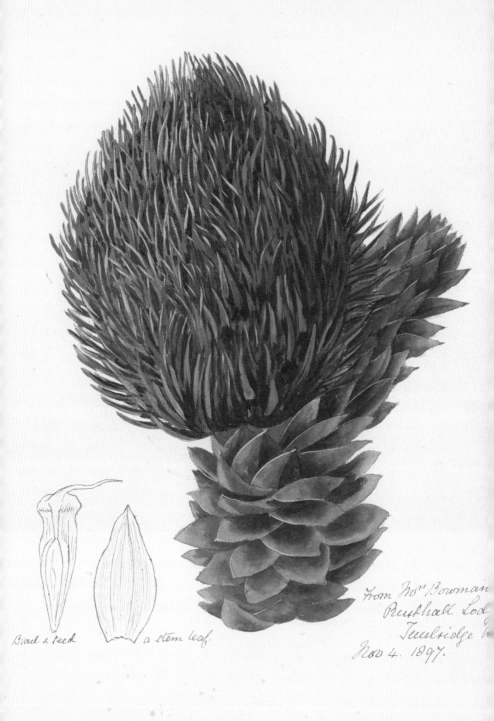

Bract & seed

a stem leaf.

From Mr Bowman
Rusthall Lodge
Tunbridge W
Nov 4. 1897.

Araucaria

北美洲许多令人叹为观止的松柏类植物，如巨杉（giant redwood）、花旗松（Douglas fir）和辐射松（Monterey pine），特别是对智利南洋杉（monkey puzzle，又称猴谜树）的记述。

很遗憾，孟席斯本人日志中关于在智利圣地亚哥碰到这种植物时的记载已经丢失。但很显然，他经常提及此事，因为多年后基尤植物园园长约瑟夫·胡克爵士（Sir Joseph Hooker）详细叙述了孟席斯讲述的情况。在1795年4月28日写给班克斯的信中，孟席斯只对这个故事做了撩人心弦的简要介绍：

当我们抵达的消息传到智利总督奥希金斯（O'Higgins）陛下（一位爱尔兰绅士）那里时，他下令最大限度地满足我们的各项需求，并向我们发出了一份访问智利首都（圣地亚哥）的邀请，字里行间充满真情实意。因此，温哥华船长及其5名随从（我有幸是其中之一）得以前往圣地亚哥拜访他。

我们受到了热情友好、无微不至的款待……但有关这次航行的特别事项，我必须等见到您时再亲自向您报告。

温哥华和他的手下接受了安布罗西奥·奥希金斯（Ambrosio O'Higgins）的邀请，参加了一场宴会。关于这场宴会，有这样一个故事：端上来的甜品中有许多个头硕大的种子，孟席斯辨认不出它们是什么种子，于是随手拿了一些装进了自己的口袋。后来，他在船上只有桌面大小的植物存放架上对这些种子进行了培育。有5颗种子在返回英国的漫长航行中存活了下来。他们最终搞清楚了，它们是大型针叶树智利南洋杉的种子，这种树后来在英国通常被人们称作猴谜树。班克斯选取5棵小树苗中的1棵，将其种植在自家院内（位于伦敦西区艾尔沃思镇的斯普林格罗夫），其余4棵留在了基尤植物园，其中3棵种在温室中，1棵种在了室外。多年以后，基尤植物园中只有种在室外的那棵活了下来，被人们称作"约瑟夫·班克斯松"。当时，英国国王威廉四世经常带着人参观这棵树。据说这棵树一直活到了1892年。

为纪念孟席斯，他的名字被用于命名许多植物，包括：璎珞杜鹃（*Menziesia*，现归类为杜鹃花属）；花旗松（*Pseudotsuga menziesii*，北美洲西北部生态和经济上最重要的树种之一）；美国草莓树（*Arbutus menziesii*）。孟席斯去世很长一段时间后，人们在班克斯的植物标本集和保存的资料中发现了他的植物标本集、日志和笔记，此后，他在发现新植物并将其引进英国方面的贡献，才比较充分地得到认可。

图示这幅美丽的画作由玛丽·安妮·斯特宾（Mary Anne Stebbing）于1897年创作，现为基尤植物园藏品。它表现了一颗雌性南洋杉球果的细节。

艾伦·坎宁安在澳大利亚

班克斯与W.T.艾顿（威廉·艾顿之子和继任者）抓住拿破仑几次战争中的一个间歇，恢复了植物采集事业。班克斯深知，几乎没有人对澳大利亚丰富的植物进行过研究（尽管他本人带回了大量收藏品），而欧洲人对这块大陆也未勘测过，因此他急于选派植物采集者前往澳大利亚和新西兰去发掘那里的奇迹。

在小艾顿的帮助下，他又挑选了基尤植物园的詹姆斯·鲍伊和艾伦·坎宁安两位园艺师去搜寻植物。坎宁安能入选是因其诚实、勤奋和兢兢业业的工作态度。他们两人先一同去了巴西，运回了许多新的南美洲植物，包括兰科和凤梨科植物，证明了两人的能力。随后，班克斯指示坎宁安和鲍伊分别前往澳大利亚和南非。他们立即出发，这次得到的指令是寻找能够在户外或在基尤植物园没有加热设施的温室中种植的新植物。

坎宁安出生在温布尔登，当时这里是一个静谧的村庄，父亲是一位苏格兰的高级园艺师。坎宁安后来成为19世纪初期在澳大利亚采集植物最多的一个人，也是一位不知疲倦的探险者。这一点从他对澳大利亚地图和地名的影响上就可见一斑。

1816年，他抵达澳大利亚，并于1817

尽管艾伦·坎宁安仅仅是基尤植物园在澳大利亚众多植物采集者中的一位，但显然他是采集植物标本最多，也是最为成功的一位。即便在班克斯去世后，他仍然继续为基尤植物园采集植物。这幅非正式的蜡笔肖像画，由丹尼尔·麦克尼爵士（Sir Daniel Macnee）创作，现收藏在基尤植物园档案馆。

88

Cunninghamia sinensis, Rid.

树杉

年游历了整个蓝山山脉（Blue Mounta-
ins），采集的植物品种超过400个，成绩
斐然。1819年，他搭乘菲利普·帕克·金
（Phillip Parker King）船长驾驶的英国皇
家海军"墨尔梅德"（Mermaid）号环行
澳洲大陆。

　　环行结束后，他向基尤植物园运回了
4箱植物。他追随班克斯的足迹抵达了
昆士兰州的奋进号河，并且还开辟了一条
穿越大分水岭（Great Dividing Range）至
达令草地（Darling Downs）的新线路。这
条线路现在称作坎宁安峡谷，是中央山脉

　　为表达对坎宁安的敬意，这种
植物的属名"Cunninghamia"，就
是以这位英勇无畏的探险者的名字
命名的。这幅杉树（*Cunninghamia
sinensis*）的画作原件，为基尤植
物园的基尔中国收藏品（Kew Kerr
Chinese collection）。

国家公园（Main Range National Park）的一部分。基尤植物园的内部书册中，到处都是手写的植物记录，包括乔木、灌木、树蕨和兰花在内的许多植物都是多年来坎宁安运回的。

1814年，坎宁安的事业刚刚起步，他致信班克斯：

正是对植物的热爱并且在野生状态下找寻它们，以及成为一名有价值、有能力的植物采集者的愿望……让自己履行一名植物采集者必须履行的使命，这应是我一生中最大的追求。因此，基尤植物园代表皇家所从事的采集活动，也许会让其他所有采集新奇美丽植物的活动相形见绌。

在基尤植物园的档案中，有一封坎宁安1819年11月8日写给班克斯的长信，信中介绍了他在"墨尔梅德"号航行中的概况。这次航行为他提供了"植物学调查方面难得的机遇"。他记录了他在哪些地方追随了库克、班克斯以及他们之后的植物学家罗伯特·布朗（Robert Brown）（见第116页）的足迹。他在信中提及过采集并观测到佛塔树属植物（*Banksia*）、槐属植物（*Sophora*）和银桦属植物（*Grevillea*）以及其他灌木、植物和鳞茎植物的情况。他还注意到了澳大利亚某些地区的植物与亚洲植物有相似之处。班克斯一定非常感激坎宁安在这封信中帮他重新体验了自己曾经历的冒险方式："您或许愉快地回忆起……低洼地带中有一连串寂静

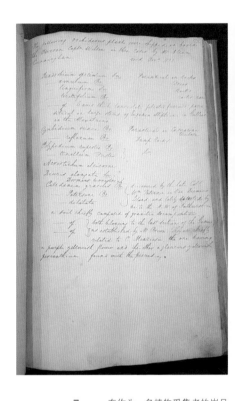

在作为一名植物采集者的岁月中，坎宁安向基尤植物园运回了多达数百种的植物，这些运回的植物都记录在了基尤植物园的内部书册中。

的池塘，表面布满了睡莲属植物盛开的花朵和繁茂的叶子，那淡淡的蓝色，优雅美丽。"

作为回报，班克斯于1820年给坎宁安写了最后一封信，信中满是赞美之词："（基尤）皇家植物园因你寄回的东西而受益匪浅。之所以简短修书一封，是因为本人身体有恙……我完全赞同你所做的一切，我们可敬的朋友，基尤植物园的艾顿也一样。"

尽管后来证明，坎宁安是班克斯的最后一名植物采集者，但他却在班克斯去世后继续为基尤植物园采集植物并勘察澳大利亚大陆。他还与基尤植物园首任官方园长威廉·胡克爵士建立起了紧密的关系。坎宁安发现了多达数百种的新植物物种，包括乔木、灌木、棕榈树、蕨类以及食肉植物。人们通过用他的名字命名植物来缅怀他。以他的名字命名的植物品种有：坎宁安氏南洋杉（*Araucaria cunninghamii*，见第116页）、坎宁安氏佛塔树（*Banksia cunninghamii*）、坎宁安氏假山毛榉（*Nothofagus cunninghamii*）；还有用其姓"坎宁安"和名"艾伦"命名的植物属名，而以"艾伦"为属名的植物只有一个品种，因此，这个唯一品种的种名为"艾伦·坎宁安"是理所当然的。

与坎宁安采集的所有植物一样，他关于澳大利亚风情、野生植物以及交往之人的著述，现在已成为无价的历史资料。

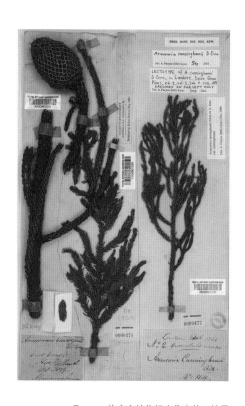

坎宁安植物标本集中的一株原始南洋杉标本，现在仍然能够在基尤植物园的植物标本集中查询到。坎宁安在搭乘"墨尔梅德"号航行时，在澳大利亚的克利夫兰角（Cape Cleveland）首次发现了该物种。

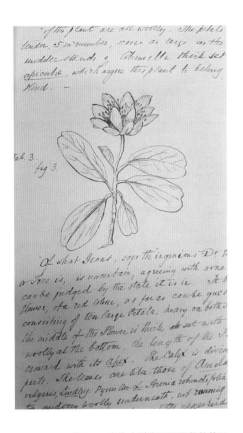

这本引发无限遐想的笔记
本中，坎宁安对位于澳大利亚沙克
湾（Shark Bay）的植物群进行了
文字记录，并配有插图。该笔记
本现由基尤植物园档案馆收藏。
在英国时，他生活在基尤桥（Kew
Bridge）附近格林区的斯特兰德大
街，他的大部分时间都用于布置自
己的收藏品，并整理笔记准备出版。

基尤植物园档案存有一册精美的笔记
本，是坎宁安1834年至1835年记的笔记。
当时他正在基尤植物园编辑整理他的笔记
和植物标本集中的标本，准备出版。笔记
本中的内容包括对澳大利亚最西端沙克湾
（Shark Bay，现为世界遗址保护区）附近
植物群的文字说明和相应绘画，以及对这
一地区植物探寻历史的介绍。这些记录文
字优美、内容丰富，对被观测植物的花、
叶、茎、种子和果实的描述简洁而准确，
反映出他作为一位富有经验的植物学家所
具有的敏锐眼光。

这位勤奋、勇敢和智慧的植物学家，
还曾短暂担任过悉尼皇家植物园（Royal
Botanic Gardens at Sydney）的负责人。坎
宁安于1839年去世，年仅47岁。当时人们
认为他个人采集的植物样本超过了2万
个，而基尤植物园目前藏有他所发现的植
物样本多达2000个左右。

坎宁安将澳大利亚的植物群展现给了
世界，取得非凡成就，这也奠定了他作为
基尤植物园最杰出植物采集者的地位。他
为基尤植物园在植物学领域取得至高无上
的学术地位，作出了巨大的贡献。

→ 图示的原始画作带有手书文
字说明，为基尤植物园藏品。其展
示的是一株坎宁安于1822年从新
南威尔士带到基尤植物园的向日兰
花（*Thelymitra forsteri*）。

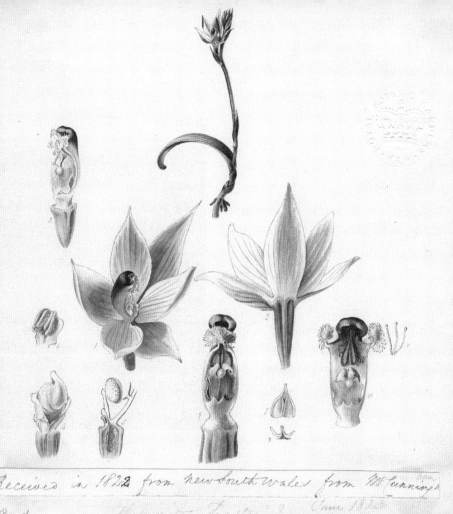

The name written here "Thelymitra Forsteri?" should refer to a New Zealand
plant. The date pencilled "June 1823" should indicate the date when
the drawing was made – presumably from a plant at Kew.
Allan Cunningham in Hook. Comp. Bot. Mag. II. p. 376, enumerates
Thelymitra Forsteri, Sw. as N. Zealand, Northern Island, Shores of the
Bay of Islands in open fern-lands. – 1826, A. Cunningham.
"Perianthii foliola tres exteriores pallide-purpurea, interiores 3
albae." The ink record seems to have been done later, when a
large collection of such drawings (was written up, probably in
part from memory, and may not be correct, (from various sources)
name is correct", and I see no evidence of this form growing
in Australia, though Bentham has confounded it with
T. nuda, R. Br., an Australian species.   (R.&K.)
= T. longifolia, Forst". (R&K)

乔治三世国王的植物画师

随着多达数千种新植物从全球热带和温带地区涌向基尤植物园,对这些新物种进行规范登记和记录的需求也与日俱增——这既是为了科学研究,也是为了子孙后代。

1790年,有人将一位奥地利极具天赋的年轻艺术家介绍给了班克斯,此人名叫弗朗兹·安德烈亚斯·鲍尔(Franz Andreas Bauer)。此时的班克斯知道,这是一个不容错过的机会。鲍尔是艺术家的三兄弟之一,他们的父亲是宫廷画师,为列支敦士登亲王(Prince of Liechtenstein)作画。鲍尔和他的兄弟费迪南德(Ferdinand)曾经为申布伦皇家植物园(Schönbrunn Imperial Gardens)园长尼古劳斯·冯·雅坎(Nikolaus von Jacquin)工作过一段时间。在那里,他们为一本图书绘制了大量精美的插图,并由此精通了准确绘制植物画作的技艺,这本书汇集了各种刚到该植物园的新植物。尽管雅坎从未打算将自己的人才拱手让给一位英国贵族,但正是他的儿子将鲍尔带去了英国。而班克斯毫不迟疑地将鲍尔招至麾下,为他提供丰厚的年薪,让他用精准时尚的手法为基尤植物园的植物收藏品绘制插图,使这些收藏品的"样貌"永驻人间。

尽管长期以来备受尊敬,有些人还始终认为鲍尔是有史以来最好的植物画家,但他的作品并未达到应有的认知度。图示的肖像画悬挂在基尤植物园一座建筑物的接待大厅中,那里容纳了植物标本馆、图书馆、艺术馆和档案馆。画像的对面是一尊约瑟夫·班克斯的半身塑像(见第8页)。这幅肖像画由一位不知名画家创作,曾是威廉·胡克爵士个人的收藏品。

班克斯曾设想将《图
解基尤皇家植物园之异域植
物 》（*Delineations of Exotick Plants
Cultivated in the Royal Garden at
Kew*）作为年度出版物延续下去，
其中的插图由鲍尔绘制。1796 年，该
书首次出版，但在出版三期后，于 1803
年停止出版，总共给 30 种植物绘制过插
图，包括这株不同寻常的开普石南（*Erica
massonii*）。

鲍尔为其《鹤望兰》画卷画
了许多幅鹤望兰属植物的插图，
包括马森发现的鹤望兰（*Strelitzia
reginae*）。它们很可能以在基尤
植物园生长的活标本为样本绘制
而成。画作原件为基尤植物园插
画藏品。

由此，鲍尔成为基尤植物园的首位植物画师，得到了"御用植物画师"的头衔。他在基尤格林的一座住宅中安顿下来，与许多杰出的植物学家成了朋友，其中包括约翰·林德利（John Lindley）。约翰·林德利曾帮助创建了英国皇家园艺学会（Royal Horticultural Society）。他创作的绘画优雅、美观、准确，他和他的兄弟确立了植物画应有的标准，至今仍为人们所遵循。

鲍尔为基尤植物园工作了整整50年，其间见证了落户此处的数千种植物，也亲历了园艺技术的大发展。温室和加热技术的大幅进步使得更多的热带物种，特别是兰花在这里茁壮成长，这使他能够拿起画笔将它们的模样定格在纸上。他经常使用显微镜来观察分析植物的机体构造，因此成为植物解剖的行家里手。人们认为，他或许是第一位开创植物详细解剖图的植物插图画家，而植物详细解剖图对植物鉴定非常重要。

图示这幅开花初期的紫兰（*Orchis mascula*）绘画原作，展示了鲍尔是如何刻画一株植物的全部要素，以便于进行植物识别。

班克斯被人们称作"英国首位伟大的植物插图画推动者"。从他首次探险航行开始，就一直雇用画家来记录他的发现，并且非常重视他们所做的贡献。在雇用鲍尔为基尤植物园工作的过程中，他创立了植物学界一种前所未有、最有价值的艺术伙伴关系。在鲍尔的三兄弟中，他并非唯一一个得益于班克斯慷慨支持的人。费迪南德就是由班克斯亲自挑选出来的，并派他随马修·弗林德斯船长（Captain Matthew Flinders）进行环澳大利亚航行，他

同植物学家罗伯特·布朗和基尤植物园园艺师彼得·古德一起，记录了澳大利亚的许多自然奇观。他用很短的时间就赢得了世界最佳自然历史艺术家的美誉。

鲍尔的技艺、才华和敬业精神对基尤植物园和他以后的植物艺术家产生了深刻和持久的影响，他是基尤植物园成为最佳植物艺术收藏家园的保证。直到今天，基尤植物园仍然为很多植物艺术家提供着支持。

布莱与面包树

进出基尤植物园的每一株植物都要在档案馆的记录本中加以记载，在其中一本老旧的手写记录本中，有一个题为"1793年"的条目，记载的是关于用英国皇家海军"普罗维登斯"（Providence）号将植物运至基尤植物园的情况，船长名叫威廉·布莱（William Bligh）。这批（从塔希提岛）托运来的植物包括四株面包树。面包树与椰子树、薯蓣和香蕉等植物一样，是太平洋地区最重要的食用植物。这四株面包树是布莱刚刚向西印度群岛发送的一大批货物（约700株植物）的剩余品。

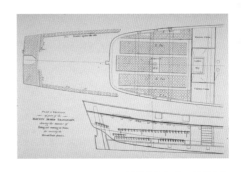

为计算出如何将尽可能多的面包树装入"邦蒂"号的大船舱，需要进行周密的规划。

当时，位于加勒比地区的圣文森特植物园（St Vincent Botanical Garden）受到人们好评。该园园长亚历山大·安德森（Alexander Anderson）给他的朋友兼同事、苏格兰植物学家威廉·福赛思（William Forsyth）写了一封信（日期为1793年2月7日），记录了布莱驾驶"普罗维登斯"号运送面包树等货物抵达时的情形："在这封信之前，您毫无疑问听说过装载着面包树的船抵达的消息，布莱船长……是一位能力超群的人……有大约300株面包树……还有其他的……果实和能派上用场的植物。"安德森写到，他接下来和布莱船长一起将400多株各种新植物装上了船，准备运回基尤植物园。基尤

这封存放在基尤植物园档案馆的信，讲述了布莱船长是如何历尽艰难困苦将面包树运送到圣文森特植物园的情形。

Artocarpus Incisa; Menacca Muntonae
Lucea   Bucasuch

Drawn by Wm Hutton.
Best by Miss M. Hutton R. 1914.

植物园收到这些植物后，用流畅的语言在
内部书册中对它们一一做了记录。当然，
这不是布莱第一次携带面包树驾船航行，
但却是他第一次携带大批量面包树成功完
成航行。

　　人们现在认为，面包树原产于新几内
亚（New Guinea）北部，但早已传播至太
平洋各岛屿和东南亚。这种高大的阔叶热
带树种一年四季都能结出大量带刺的绿色
球状果实。这些果实富含淀粉和维生素

　　在塔希提岛，班克斯第一次
见到了热带面包树所结出的巨大果
实。这幅由珍妮特·赫顿（Janet
Hutton）创作的精美画作，现为基
尤植物园藏品。

C，能煮着吃、烤着吃、炸着吃，味道有点像马铃薯或面包。无论生长在何处，面包树都有许多其他用途。

班克斯曾经在塔希提岛见过面包树，对其用途了然于心（见第22页）。

1787年，英国海军部、英国皇家学会和班克斯一起做出决定，将面包树作为西印度群岛上英国种植园中被奴役的人们的食物。当然，这是当时典型的帝国主义思维模式。采集并运送面包树的任务交给了一位名叫布莱的海军中尉，以及皇家海军"邦蒂"号舰艇上一群没有经验的船员。在船上负责监督采集和繁育面包树的是基尤植物园的园艺师兼植物学家戴维·纳尔逊及其助手威廉·布朗（William Brown）。

为将1000多株植物运送到太平洋那头的新家，在班克斯的指导下，对"邦蒂"号的船长室进行了改造。起初，这段航行一切顺利，在塔希提岛一段较长的停留期间里，各种面包树被成功繁育。在将这些面包树"以最繁茂的状态"装上船后，布莱"携带1015株面包树和大量其他植物（总计774盆，39桶和24箱）起航"，但这艘船驶往西印度群岛的第二阶段任务并没有能实现。这个故事的剩余部分，现在已被写成了传奇文学（最著名的作品是克拉克·盖博主演的电影《叛舰喋血记》——编者注）。

为表达对布莱的敬意，人们以他的姓氏作为一种植物的属名。这幅画作名为《牙买加阿开木的叶子和果实》（*Foliage and Fruit of the Akee, Jamaica*），由玛丽安娜·诺思创作，是基尤植物园她的画廊中848幅作品中的第137号。

1789年4月28日，该船的大副弗莱彻·克里斯蒂安（Fletcher Christian）发动了一场兵变，布莱和他的18名船员被推下了船，丢在一艘小艇上，漂泊数千英里（1英里≈1.6千米）到达了帝汶岛（Timor）。纳尔逊对布莱忠心耿耿，一直跟随着他，但布朗却与叛乱者为伍。布莱乘坐那艘小船完成史诗般的航行堪称奇迹，但不幸的是纳尔逊没能挺过饥寒交迫的折磨，小船刚到帝汶岛就撒手人寰。

1790年10月13日，布莱从雅加达给班克斯写了一封信，讲述了这次兵变的经过：

现在，我要讲讲人类曾经犯下过的最残暴、最登峰造极的一起海盗行径……人们或许会问，这样一场巨变的原因到底是什么。为了回答这个问题，我别无选择，只好描述一下塔希提岛，无论是奢华，还是安逸，它都具备了全部的诱惑力，那里简直就是人间天堂。

今天，这个故事常被浪漫化，但人们不应忘记"邦蒂"号和"普罗维登斯"号的真正目的，以及它们所装载的植物的多重意义。这个故事最后的一个变数是，人们千方百计将这种植物远渡重洋运回，却从未意识到它作为粮食作物的潜力。

现在，圣文森特植物园（位于圣文森特与格林纳丁斯的金斯敦市），被认为是世界上最早的热带植物园。自 1765 年以来，对植物在全球范围内的流动、培育，以及在保护稀有植物方面，它都发挥了极其重要的作用。图示照片收藏于基尤植物园档案馆，展现了该植物园 19 世纪晚期的状况。

植物的转运与交易

　　乔治三世国王和班克斯经常一起讨论如何提升基尤植物园的作用，以及如何改进英国及其殖民地的农业生产，如同一枚硬币的两个面。对乔治三世国王来说，让他的臣民填饱肚子、衣食无忧，是维护天下太平、确保江山社稷稳固的头等大事，同时还能为大英帝国的成功添砖加瓦，发挥重要作用。植物产品是当时最重要的贸易商品之一，包括从糖类、茶叶到木材、烟草的各种商品，也是一个国家财富和活力的象征。据估计，19世纪90%的原材料贸易是植物贸易。

　　班克斯想让英国在植物贸易上占有相当的份额，这意味着要控制贸易植物的生长地。如果这些植物没有生长在英国控制的土地上，他就打算用各种办法将它们移植过来。在领导基尤植物园期间，班克斯将它变成了世界植物的转运中心。由于基尤植物园专注于实用园艺、采集经济植物以及发挥班克斯自己庞大植物标本集和图书馆的作用，基尤植物园的资源已首屈一指。各种植物被引入园中，在这里栽培、研究并繁殖，之后被运往它们能够发挥最大作用的地方。

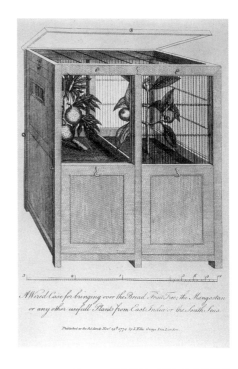

A Wired Case for bringing over the Bread Fruit Tree; the Mangostan or any other usefull Plants from East India or the South Seas.

Published at the Act dierck Nov.ʳ 19ᵗʰ 1774 by I.Ellis Gray's Inn London.

　　图示这只18世纪植物箱的设计初衷是"从东印度群岛或南太平洋向英国运送面包树、山竹以及任何其他有用的植物"。它留有空间，可供在土壤里种植的植物生长，安装了一个铰链盖，能让里面的植物接触到更多光线和空气。

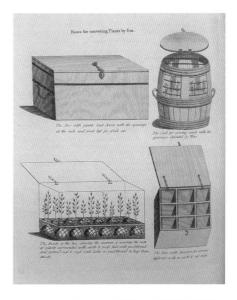

Boxes for conveying Plants by Sea.

图示这份 1770 年前后的单页说明书，出自约翰·福瑟吉尔（John Fothergill）之手，现由基尤植物园档案馆收藏，是发给他手下所有植物采集者的，目的是确保能正确装配其植物箱，并保证船上所有新植物的航行安全。

18世纪末，为了有效运送植物，人们对各种不同类型的容器进行了测试，但植物死亡率仍然居高不下，直到 1829 年纳撒尼尔·沃德（Nathaniel Ward）发明了"沃德箱"（Wardian case），这种局面才得以扭转。这幅插图取自约翰·莱特森（John Lettsom）1799 年的著作《茶树的自然史》（*The natural history of the tea-tree*）。该书由基尤植物园图书馆收藏。

向世界各地运送植物是一件令人担惊受怕的差事。试图通过漫长的航行运送鲜活植物而避免遭受海水或狂风（更不必说疏忽大意）的损害，是件非常具有挑战性的任务。因为要在基尤植物园内种植成功，班克斯希望把充满生机的新植物引入园中。他为手下的植物采集者编制了包装植物的指南，建议"将盛水的木桶削短至合适的尺寸，底部预留排水孔，在其中放置足够多的表面带有苔藓的潮湿泥土"，并吩咐坎宁安要"尝试各种方法，找到更好的方式将这些珍稀宝贝带回国，直至完全满意为止"。指南中包括在船运过程中用雨水浇灌植物、保持通风以及预防船上老鼠、蟑螂和其他动物的详细说明。为了"邦蒂"号所承担的特殊使命，对整个船舱进行了改造，铺装了铅衬地板，开了两个巨大的天窗，以便把它当作一个航行于海上的温室（见第70页）。班克斯本人承担起了为船只设计各种"植物货舱"或"植物温室"的任务，使得这些货舱或温室能够让植物样本种植在土壤中，并能得到新鲜空气和水。他的这些设计被广泛应用。为了将国王陛下的植物尽快卸载下来，他还要考虑船靠岸后的搬运效率问题，同时避免发生意外。

每当班克斯派植物采集者前往世界各地采集植物时，他总是叮嘱他们既要寻找有实际效用的植物，也要为基尤植物园寻找稀有漂亮的植物。在这方面经常会上演一些瞒天过海之术：表面上，班克斯派人去寻找某种植物，同时暗地里却给他们下达秘密指令——也要采集更有价值的东西。在《基尤皇家植物园的历史》（*The History of the Royal Botanic Gardens,Kew*）一书中，雷·德斯蒙德（Ray Desmond）写道：班克斯认为，这样做并不是什么不道德的行为，并且"将农作物从地球的一端运到另一端、从一个殖民地运往另一个殖民地，将会丰富世界的'食物储藏室'并减少饥荒"。他对国王、海军部以及诸如东印度公司等其他机构的影响力，势必对整个世界的景观和经济结构产生深远影响。

植物产品（从糖和茶叶到木材和烟草）曾经是当时贸易量最大的商品之一，代表了一个国家的财富与活力。图示画作为玛丽安娜·诺思 1872 年的作品《在巴西米纳斯吉拉斯州收获甘蔗》（*Harvesting the Sugar-Cane in Minas Geraes, Brazil*）。

尝试茶树

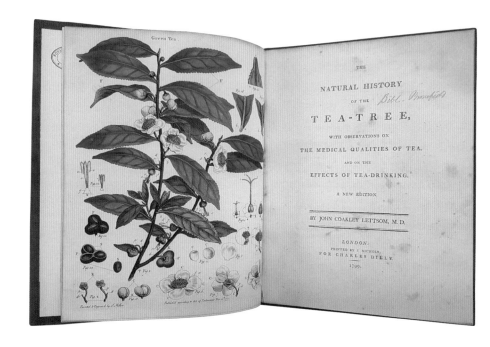

约瑟夫·班克斯所发挥的一个鲜为人知的作用，是他为（印度）阿萨姆邦（Assam）茶叶产业奠定了基础。目前，茶叶对整个人类的生活都产生了影响。作为帝国，英国总是执意于自己去种植那些本国有需要且称心适用的农作物，而不是必须花钱向其他国家购买它们。而当时中国仍然主导着茶叶贸易，这令英国人坐立不安。18世纪90年代中期，英国人每年喝掉的茶叶超过2300万磅（21船的货物），因此英国人建设自己的种植园，其商业前景十分广阔。

图示为1799年出版的《茶树的自然史》中的页面。在书中，约翰·莱特森尽其所能将当时所知关于茶叶的一切汇编成册：茶叶种植、采摘和烘干的技术，中国人和日本人饮茶的方式以及茶叶可能的药用价值（附有一则防止过度饮用的警告）。班克斯帮助莱特森编辑了此书。这本原版存于基尤植物园档案馆。

班克斯设想了一个网络化方案，通过所有殖民地植物园的共同努力，助力构建起"经济植物学"，将有利用价值的植物纳入英国的全球贸易范围。他在印度加尔各答市（Calcutta）资助建立了一家植物园，那里的气候对一些可食用热带植物的生长十分有利。他利用庞大的人脉关系和巨大的影响力，弄到了一批中国茶树（*Camellia sinensis*），并将这些茶树种植在加尔各答以供研究。他从之前在科西嘉岛的试验中得出结论：移植茶树是可行的。18世纪80年代后期，他制定了将中国茶树移植到印度东北部英国控制地区的计划。据他推算，那里的气候和生长环境对茶树来说堪称完美。他还建议，由中国茶叶种植专家和英国商业园艺师一起来照料这些移植来的茶树。

然而，中国茶树在印度长势并不好，班克斯后来对这个项目也心灰意冷。1823年（在班克斯去世后），罗伯特·布鲁斯（Robert Bruce）在阿萨姆"发现"了一种本地野生的大叶茶（*Camellia sinensis var. assamica*），才使得当地茶叶产业真正实现盈利并开始兴旺起来。他将印度本土茶树寄给在加尔各答植物园工作的兄弟查尔斯，查尔斯成功让这些茶树大量生长了起来。

由于茶叶种植，阿萨姆也变得十分重要。首批12箱阿萨姆茶叶于1838年运往伦敦，到1890年，阿萨姆地区供应了英国茶

图示这幅19世纪末的照片，出自基尤植物园档案馆，展示了当时印度有许多妇女受雇从事手工采摘茶叶活动的情形。

叶消费量的90%。不幸的是，根据历史记载，印度为此付出了巨大的代价，包括政治、经济和生命的付出，以及为建立种植园而砍伐大片森林导致对自然环境造成的损害。今天，印度仍然是世界上最大的产茶国之一，从业人员多达数百万。

Mangifera indica, L.

4510.

Mango.
Mangifera indica
Nov. 12. 1900. Anacardiaceae

遇见杧果

1768年，班克斯跟随库克船长搭乘"奋进"号驶向大海。他最初的几个停靠点就包括一个叫马迪拉（Madeira）的美丽岛屿，该岛距摩洛哥海岸不远。他在自己的日记中非常详细地记录了在该岛停留5天时间内所发生的一切：采集了约230个植物物种，记录了那里生长的所有水果和农作物，包括香蕉、番石榴、菠萝和杧果。他将后者描述成"跟桃大小差不多，里面全是柔软的黄色果肉，但味道并不像桃那样讨人喜欢"。

班克斯对杧果和其他热带水果颇具好感的看法，是英国发展温室种植的主要动力。他深知，如果这项技术能够得以完善，那些富裕人家的餐桌上就会摆满这些美味可口的水果，"也许不到50年，其中的一些水果就可以在伦敦考文特花园（Covent Garden）的每个集市日出售"。他总是热衷于将"珍稀的"植物转化为有经济效益的植物，而当时拿杧果做试验的条件已经成熟。同时，作为营养食物的来源，他还看到了将类似杧果这样的植物移植到大英帝国更多热带殖民地的机会。

杧果原产于印度次大陆，已有几千年的种植历史，是布莱用英国皇家海军"普罗维登斯"号运往牙买加的众多植物中的一种。将杧果树移植到基尤植物园被看作是基尤植物园"世界植物大都会"的最主要标志。雷·德斯蒙德在《基尤皇家植物园的历史》一书中写道，1808年秋天，一只杧果终于在基尤植物园成熟了。这幅由玛丽·安妮·斯特宾创作的画作为基尤植物园的藏品。

调研大麻

在大航海时代，大麻（*Cannabis sativa*）成为世界上最重要的植物之一。它被广泛用于制造帆布、索具和绳索，它们对确保英国各殖民地之间进行贸易、勘探和货物往来的船舶运输十分重要。

大麻曾经是并仍然是一种非常有用的植物。它的纤维出奇地结实，这一点早已尽人皆知，但它作为能源、建筑材料，甚至作为食物的潜力却依然没有得到有效开发。18世纪末，英国大部分用于制造绳索的大麻都来自俄国，而英国国内种植的大麻不是太细就是太软，不适于制造绳索，因此只能用来制造帆布。英国自身生产的大麻不足，而一场大麻供应危机促使英国开始大麻种植试验，并在加拿大和印度等其他国家寻找替代供应渠道。在法国大革命期间的1797年，班克斯被任命为枢密院贸易委员会（Privy Council of Trade）成员，专门负责处理英国的大麻贸易与供应问题。他编制了一套完整的卷宗，内容涉及大麻的种植、收获、加工、供应、收益、发展前景以及适宜的种植地点等。

基尤植物园的图书馆里有一套他当时编制的文件，其中包括他于1801年写的一封信。他在信中详细介绍了向爱尔兰寄回

图示编织的大麻绳实物出自基尤植物园庞大的经济植物收藏品，主要收藏有使用价值的植物产品。

少量用作试验的大麻种子的情况，并对所寄种子数量较少表达了歉意，因为当时爱尔兰有大量的农民正在种植大麻。

他描述了从大麻到亚麻在种植和加工方面的相似之处，说当时种植大麻的利润为每英亩12英镑——比种植小麦或马铃薯高得多。有趣的是，他在信中还提到，他最近派了6名在大麻加工方面经验丰富的人员前往印度，以帮助发展那里的大麻产业。

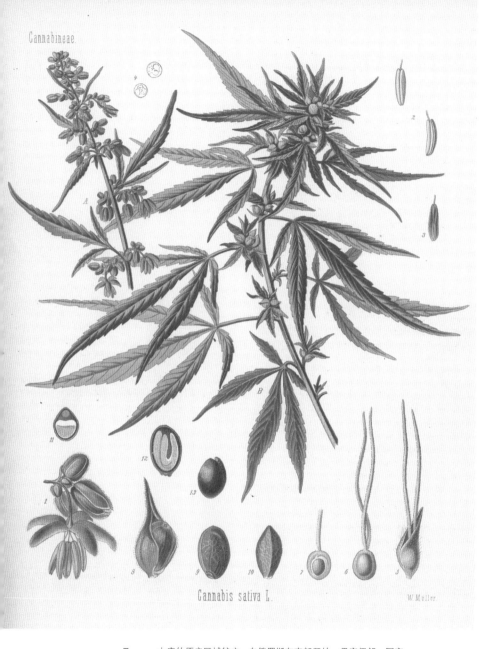

Cannabineae.

Cannabis sativa L.

W.Müller.

大麻的原产区域较广，自俄罗斯东南部开始，贯穿伊朗、阿富汗和巴基斯坦，直到中国西北部。图示大麻彩色插图出自基尤植物园图书馆，由沃尔特·米勒（Walter Müller）于1887年为《科勒药用植物》而创作。

东方的迷人植物

中国的植物种类超过3万个，其多样性在世界温带地区首屈一指，温带植物中有很大一部分在中国。现在，中国西南部地区因植物物种丰富而闻名遐迩。鉴于中国有大量适于园林种植的美丽植物，维多利亚时代的植物搜寻者欧内斯特·威尔逊（Ernest Wilson）将中国称作"园林之母"。

在班克斯时代，中国与世界其他国家几乎完全隔绝，但这并未阻止英国的苗圃经营者和植物采集者千方百计获取中国各种令人着迷的植物。仅举一例：1787年，班克斯收到一株令人惊艳的亚洲牡丹（Paeonia suffruticosa），是一位名叫约翰·邓肯（John Duncan）的人从广州寄来的，他顿时欢天喜地。

为了确保基尤植物园得到当时最好的植物，班克斯于1804年派威廉·克尔去往中国，他是基尤植物园另一位年轻且前途无量的苏格兰园艺师。基尔用8年时间走遍了中国南方广州的所有苗圃和植物园，同时还从澳门和马尼拉得到了一些植物。当时，外国植物采集者常常会被指派给香港的名门望族，如潘氏家族。而这些名门望族十分擅长寻找和交易植物。

开着优雅黄花的木香（Rosa banksiae），现在是植物园情有独钟的一个品种。最初，基尔从中国寄回的是一株白木香。图示这幅版画由皮埃尔·约瑟夫·勒杜泰为《最美的花》（Choix des plus belles fleurs）而创作，现由基尤图书馆收藏。

紫玉兰（*Magnolia purpurea*，现名 *liliiflora*）
原产于中国西南地区，但数百年来一直作为装饰性
树种栽培。它是人们更为熟悉的常春二乔玉兰（*M.
× soulangeana*）的亲本之一。图示画作出自基尤植
物园的基尔中国收藏品（见第88页）。

克尔是西方第一位前往中国的专业植物采集者。他总共运回了238种新植物，其中绝大多数在当时的欧洲都闻所未闻，包括今天在英国各植物园中十分常见的一种开黄花的植物，就是以他的名字命名的，即棣棠属植物（*Kerria*）。

克尔发往基尤植物园的其他著名植物有：以班克斯的夫人命名的白木香（*Alba Plena*）；现在广泛用于绿篱中的小型灌木冬青卫矛（*Euonymus japonicus*）；卷丹（*Lilium lancifolium*）；山茶花（*Pieris japonica*）；硬皮秋海棠（the hardy *Begonia grandis*）。

在中国取得成功后，克尔延续了他的职业生涯，于1812年当上了位于斯里兰卡（当时的锡兰）科伦坡的王宫植物园园长，成了基尤植物园培养出来的功成名就的苏格兰园艺师之一。此后，他继续在世界各地管理和指导植物园的经营。

在中国几乎不允许植物出境的时期，收到一株来自中国广东的牡丹，令班克斯十分欣喜。图示这幅漂亮的插图是一些中国画家所作的系列绘画中的一幅，由威廉·克尔于1805年寄给班克斯，现由基尤植物园收藏（见第88页）。

来自中国的植物画作

威廉·克尔在中国时，委托中国画家绘制了大量的植物草图和绘画。这些草图和绘画被寄给了基尤植物园，目的是用图例向班克斯和艾顿说明所运植物成熟时的样子。克尔应该在广州附近的苗圃和传统植物园中亲眼见过不少的这些植物。

这些独一无二的收藏品，包括300多幅精美作品，由基尤植物园保存。据说，这些藏品是以班克斯的名义分两批委托创作的。它们分别于1805年和1807年运抵伦敦。遗憾的是，目前还没有关于这批作品的中国画家的任何信息。

木槿属植物（*Hibiscus*）：图示植物可能是朱瑾（*Hibiscus rosa-sinensis*），它是一种十分漂亮的常青灌木，由卡尔·林奈于1753年为其命名，"*rosa-sinensis*"翻译过来的意思是"中国的玫瑰"。它是由五个花瓣组成的花朵，且有各种各样的颜色。

木棉属植物（*Bombax*）：图示植物可能是木棉（*Bombax ceiba*），它是中国南方一种广受欢迎的装饰性热带乔木，因其蒴果中有白色纤维，所以也被称作木棉树（cotton tree）。

　　首 冠 藤（*Bauhinia corymbosa*）：
现在称作小叶白辛树（*Cheniella cor-
ymbosa*），是一种多年生攀爬灌木，长
有独特的裂叶，原产于中国。从它与众
不同的种荚可以看出，它是豆科植物。

莲属（*Nelumbo*）：尽管这种令人惊艳而圣洁的荷花（*Nelumbo nucifera*），通常被人们更多地与印度联系起来，但它也生长在整个东南亚地区。人们经常把它与真正的睡莲搞混，其实这种植物与睡莲是两种植物，分属两个不同的科。

蓮盆

班克斯对园艺学的贡献

在英国，班克斯绝不是第一个建立植物园或试图采集稀有植物供他人研究或使用的人。他所依靠的正是其他苗圃经营者和富有的英国地主历经几个世纪所积累的经验与知识，这些人拥有大量珍贵的植物收藏品——从各种异域的树木到鲜艳夺目的郁金香。他也效仿了近代一些人物的做法，如彼得·柯林森（Peter Collinson）、约翰·福瑟吉尔等，他们都拥有自己的私人收藏，并向海外派遣过自己的植物采集者。另外，詹姆斯·戈登家族、李与肯尼迪家族、罗狄吉斯（Loddiges）家族及其他家族还经营着苗圃。这些人并不是植物收藏家，他们分享并出售各种植物。为了英国，他们热衷于促进植物学的发展，提高植物自然生长过程的实用效益。柯林森在向上层社会提供珍奇有趣的植物方面无人能敌，这些上层人物中就包括树木收藏家阿盖尔（Argyll）公爵三世。阿盖尔公爵位于惠顿（Whitton）的植物园一度曾拥有超过350种树木，其中一些后来转去了基尤植物园。在基尤植物园，班克斯效仿广闻博学的比特伯爵三世的所作所为，后者曾向乔治三世的父母——弗雷德里克亲王和奥古斯塔王妃提议在基尤花园修建第一个植物园区。

19世纪不仅仅只是一个发现新植物的

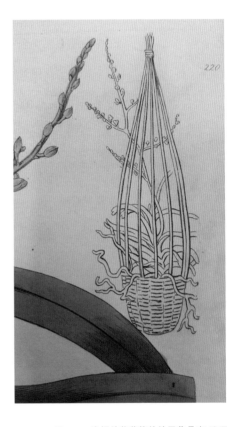

这幅兰花花篮的绘画收录在 1817 年的《爱德华植物名录》（*Edwards's Botanical Register*）中，书中描述的一种兰花称作"约瑟夫·班克斯爵士"猫尾兰（*Aerides paniculata*）。此外，该名录还记录了为更好栽培"附生植物"兰花，班克斯发明了一种篮子。

Kew Gardens. Museum N° 3. — LL.

时代，更是一个园艺学大发展的时期：对更多植物品种的种植与繁育知识有了进一步了解，温室建造与栽培技术、植物病虫害防控方法等得到了进一步发展。杰出的植物园历史学家布伦特·埃利奥特（Brent Elliott）说过："在所有这些领域，班克斯都发挥了推动作用，要么通过自己的身体力行，要么通过对他人提供资助或鼓励的方式。"这里说到的"他人"就包括了托马斯·奈特（Thomas Knight），他

班克斯了解基尤植物园柑橘温室、"大暖房"等建筑中使用温室技术的局限性，也清楚在扩大空间、增加采光、改善通风和提高供暖等方面还有大幅提升的可能性。图示这张柑橘温室的照片摄于1846年，现收藏于基尤植物园档案馆。

　　班克斯发明的植物运输箱（见第 74 页）激励了纳撒尼尔·沃德（Nathaniel Ward）于 1829 年发明了"沃德箱"（Wardian case）。这张基尤植物园保存的照片，展现了一个正在基尤植物园苗圃里装箱的"沃德箱"，时间为 20 世纪中叶。

在很多方面都起到了示范带头作用，包括植物培育与繁殖试验以及其他一些需要实践考量的事项，如正确使用肥料和灌溉方式等。班克斯对奈特的鼓励意味着在他人眼里，奈特是班克斯的"门徒"。

埃利奥特估计，在乔治三世统治时期，"主要通过班克斯派往国外并由基尤植物园赞助的植物采集者的努力"，有近7000种植物被引进到英国并进行栽培。对此，班克斯、艾顿和他们的诸位同事所发挥的协调作用以及所取得的成绩不应被低估。尽管班克斯为乔治三世国王采集植物（不是与他人分享）的目标经常被人误解或歪曲，但他将基尤植物园打造成世界知名皇家园林的努力，却取得了显著成就。虽然班克斯一生积累了大量植物方面的知识，但他却没有创作出版更多这方面的文献，这是一个永久且巨大的遗憾。不过，他却通过个人和职业上的人脉关系，利用其影响力去鼓励别人这么做。

班克斯知道他那个时代温室或"暖房"的局限性，但通过在船甲板上尝试改造出植物舱，他也能够看出"温室"的巨大提升潜力。他鼓励奈特在英国皇家学会杂志《交易》（*Transactions*）上撰写有关文章，介绍他对温室设计和加热所做试验。1820年，班克斯离世。就在他去世后不久，建造大型温室的工程设想开始付诸实施，这使得设计基尤植物园棕榈树温室工程成为可能。

班克斯带回了许多今天我们认为非常适于园林栽培的植物样本，包括长阶花属植物、蕨类植物、麻兰属植物以及这株源自新西兰的寒菀属植物（*Celmisia*）。该植物由约瑟夫·胡克（基尤植物园第二任园长）在新西兰正式命名。胡克是首位（1867年）发表新西兰植物群的人。这幅画作由植物画家玛蒂尔达·史密斯（Matilda Smith）于1882年为《柯蒂斯植物学杂志》创作完成。

与此同时，人们普遍认为，设立一个园艺学会将是推动园艺发展和技术交流的根本途径。建立这样一个学会的想法出自约翰·韦奇伍德（John Wedgewood）和威廉·福赛思，当时二人正在寻求班克斯对该项目的赞助。班克斯答应了他们的请求，在伦敦园艺学会（The Horticultural Society）初创过程中发挥了重要作用。

该学会于1804年首次召开会议，但参加的成员寥寥无几。在1805年召开的会议上，学会推举班克斯为主席。班克斯巧妙地设计了学会的各项规章制度，以便能支持他所感兴趣的所有事情。该学会已发展成为如今影响力巨大的英国皇家园艺学会，在英国和全世界一如既往地推广着园艺方面的最佳实践。

埃利奥特还指出，班克斯和他的同僚为园艺学成为可被广泛理解和实际应用的科学奠定了基础，并为维多利亚时代的园艺学大家，例如劳登（Loudon）和林德利，"前所未有地创作并分享植物知识"铺平了道路。从引进植物、支持植物采集者和培育者、制定种子采集规则，到鼓励植物艺术、促进园艺技术发展，以及帮助创建基尤植物园和皇家园艺学会，班克斯对园艺学界都发挥了自己最大的影响力。

班克斯曾负责将许多适于园林种植的植物运回英国，包括他在巴西采集的攀爬类植物"叶子花"。玛丽安娜·诺思在基尤植物园的画廊里展出了她许多幅作品，在其中一幅中，她刻画出了这种美丽植物的特征。

班克斯对基尤植物园的持久影响

今天，当人们漫步在基尤植物园中，尽管园中的许多景观源自维多利亚时代，但仍然能够看见班克斯时代的痕迹。这里有老式温室，如奥古斯塔王妃时期威廉·钱伯斯设计的柑橘温室，也有他想必常常光顾和观赏过的轻松歌舞剧；这里还有各种植物，如马森的大苏铁，它于1775年在南非东开普省采集，现生长在棕榈树温室。它是在班克斯指导下第一批抵达基尤植物园的一株植物，也是他去世前（当时它第一次也是唯一一次结出了一只球果）亲赴基尤植物园观看的最后一株植物。

Dessiné d'après nature par F.W.M. Trap

图示的大苏铁由弗朗西斯·马森（见第53页）带回基尤植物园，是班克斯专门前往基尤植物园观看的最后一株植物，当时它结出一只球果。这幅插图描绘的是该物种未成熟的样子，出自基尤植物园艺术收藏品。

Execuré sur pierre par A.J.Wendel.

A.Arms & Comp.ᵉ Lith. Éditeurs.

PHALARTOS ALTENSTEINII, LEHM. MAS.

植物标签在基尤植物园（和其他所有植物园）普遍使用。这些标签详细标明了植物正确的拉丁名称、原产国、采集者和登记号。这一做法遵循了班克斯倡导的传统，能够方便人们查询识别所有植物。

    班克斯丰富了基尤植物园各园林的植物品种，并将它们打造成了一个享誉世界的植物园和全球植物移植和研究活动的中心。他开创的植物移植和研究方式一直延续至今。他还在许多方面发挥了潜在的影响，包括：园艺实操，在野外采集植物和种子的方式，植物标本的制作方法，科学描述和准确命名植物的方法，浩如烟海的植物名录、植物标本集和植物艺术收藏，基本植物标签的使用，世界级兰花收藏，将有利用价值的植物推广到更广阔的地区等。

    今天，基尤植物园将其园艺和科研项目，放在了致力于为人类福祉而保护和挽救植物方面。为应对当前的挑战，他们还助力打造以植物为基础的解决方案——正如班克斯当时所做的那样，尽管方式截然不同。现在，他们已经实施了许多成功的全球性项目，包括拯救农作物野生近亲物种、药用植物和濒危栖息地的关键物种。与以往为国王和大英帝国采集植物并将这些收集物作为皇家藏品的初衷不同，为了人类美好的未来，基尤植物园现在注重与全世界自由分享知识、资料和历史收藏品，目前已经与120多个国家建立了合作关系。

为了便于将来的描述和研究，班克斯在压平和保存植物方面一丝不苟。今天，制作优良实用植物标本的技艺，在基尤植物园这样的植物园中已日臻完美。图示的兰花（*Oberonia disticha*）原产于社会群岛，也是由班克斯采集的。

班克斯的植物
红色洗瓶刷——垂千层（*Melaleuca viminalis*）

这种高大的澳大利亚观赏植物会长出深红色穗状花序，像洗瓶刷一般，十分诱人。所以，仅凭其花序样子，你就会明白它为何得到这样一个俗称"Red Bottlebrush"（红色洗瓶刷）。1770年，班克斯和索兰德在澳大利亚昆士兰的奋进号河考察期间发现了这个树种（最初称为垂枝铁心木），他们在一片开阔林地的植物中找到了它，通常长在水源附近。它们虽然是一种灌木，但能长到15米高，枝叶低垂，所以又赢得另一个英文名"Weepin Bottlebrush"（意为"垂枝洗瓶刷"），拉丁语学名为*Melaleuca viminalis*（垂千层）。它是澳大利亚本土植物，长在东部沿海的温带区域。授粉后，其种荚能在植株上存留数年，并且通常只在高温或山火烟雾环境中裂开。

在公园里，这种植物深受游人喜爱，它也成了一种景观植物。目前，人们已经培育出了数个人工变种，包括低矮紧凑的一种灌木——"库克船长"（Captain Cook）。

在基尤植物园的温带植物区和戴维斯试验区附近，能看到多种这类植物。

维多利亚时代的画家玛丽安娜·诺思，在其作品中展现了这种植物的独有特征，这幅画作目前在她位于基尤的画廊中展出。

新西兰圣诞树（*Metrosideros excelsa*）

班克斯在乘"奋进"号考察新西兰期间共收集了7种铁心木树种。在这些树种中，今天最为人熟知的是新西兰圣诞树，即"高大铁心木"（*Metrosideros excelsa*）。1769年11月，他在北岛（North Island）东海岸的墨丘利湾发现了这种植物。在这里，库克还观察到了水星凌日现象。

由于这种树的树芯很坚硬，因而班克斯称之为铁心木（*Metrosideros*，在希腊语中"*metra*"意为"核"，"*sideros*"意为"铁"）。这种树因结实且美观，被当地原住民毛利人所尊崇并被赋予了重要的文化含义。在每年的12月，这种高大的常绿植物会开出鲜艳的红花（由雄蕊组成），甚是好看。

今天，在新西兰有12种铁心木和许多人工培育的变种。但是，这些植物正在面临外来的负鼠（吃这种树）和一种导致桃金娘科植物锈病的真菌的威胁，这两种威胁可能使这类植物的数量严重缩减。

在基尤植物园温带植物区的前部，可以看到这种植物的漂亮样本。

沃尔特·胡德·菲奇于1850年绘制的绒毛铁心木（*Metrosideros tomentosa*）的插图。在基尤植物园，菲奇是高产的植物插图画家之一，他画的插图已公开发表了12000多幅，其中2700幅是为《柯蒂斯植物学杂志》创作的。该杂志聘请他担纲首席艺术家超过了40年。

"约瑟夫·班克斯爵士"大叶绣球

　　大叶绣球是当今花园中深受人们喜爱的常见植物。它最初是由卡尔·桑伯格于1777年在日本发现的。他在1784年出版的《日本植物志》（*Flora Japonica*）中将其命名为大叶荚蒾（*Viburnum macrophyllum*）。据说这种植物从中国偷运出去后首先到了英国，并于1788年被赠予了班克斯。后来，班克斯又将其转赠给了基尤植物园。这种植物长着巨大的球形花冠。根据生长土壤酸碱度的不同，其花色常从浅玫瑰红色到铁青色间变化，因而在乔治和维多利亚时代的园艺师中获得了众多拥趸。在18世纪末，这种植物被命名为魔王绣球（*Hydrangea hortensia*），后来又被称为"约瑟夫·班克斯爵士"大叶绣球。

　　在基尤植物园，可以欣赏到各种绣球花，包括沿着雪松景道长在林间空地上的那些绣球花。

这幅绣球花版画由皮埃尔·约瑟夫·勒杜泰创作，朗格卢瓦（Langlois）雕刻。选自基尤图书馆收藏的《最美的花》。

Hortensia.

P. J. Redouté.

Langlois.

桉树（*Eucalyptus*）

在澳大利亚昆士兰的锡斯蒂湾（Thirsty Sound，位于布里斯班与凯恩斯海港中间），班克斯收集了首个桉树样本，并由悉尼·帕金森按原样绘制。不过，很久之后这种植物才被命名为常桉（*Eucalyptus crebra*），也叫红桉。在澳大利亚东海岸的森林中，这是最常见也是最坚硬的树种之一。

1788年，基尤植物园的戴维·纳尔逊参加了库克船长的第三次航海活动，在塔斯马尼亚岛（Tasmania）的一个停靠点带回了一个桉树样本，直到此时，桉树这个属名才得以确定。这个样本在基尤植物园经过法国植物学家夏尔·路易·莱里捷·德布吕泰勒（Charles Louis L'Héritier de Brutelle）的详细查验和研究，最终命名为斜叶桉（*Eucalyptus obliqua*）。

桉树种类繁多，目前已知有700多种。它们是澳大利亚森林生态中的核心树种，桉树叶是考拉的重要食物来源，桉树花是其他许多物种的花蜜来源之一。

今天，世界各地也会将桉树作为一种景观或园林植物来种植。当然，避免种植杏仁香桉（*Eucalyptus regnans*）也许是明智的，因为它是世界上最高的阔叶树，最高可达114米。

这幅劲直桉（*Eucalyptus tricta*，又称 Blue Mountains mallee ash）的插图，是基尤植物园的艺术家玛蒂尔达·史密斯（Matilda Smith）于1889年绘制的。这种树是新南威尔士东部的本地品种，是班克斯首先发现的（尽管他没有收集）。据说，库克是将所有桉树通称为"gum tree"的第一人。

图片来自彼得 H.雷文图书馆／密苏里植物园（Peter H. Raven Library/Missouri Botanical Garden）

锯齿佛塔树（*Banksia serrate*）

　　班克斯在澳大利亚考察期间总共收集了4种佛塔树（山龙眼科佛塔树属）。收集的第一种就是锯齿佛塔树（*Banksia serrata*），是他1770年4—5月在植物湾发现的。索兰德一开始将其称作琉璃苣钜缘叶（*Leucadendrum serratifolium*），但在1782年，卡尔·林奈的儿子用班克斯的姓氏重新将其命名为"*Banksia serrata*"（中文称为"锯齿佛塔树"）。这种树在众多种植物中被专门挑选出来由"奋进"号运回英国，以纪念班克斯及其为植物学所作的巨大贡献。

　　锯齿佛塔树的花序十分动人，如图所示。此图选自1830年的《爱德华植物名录》，见第123页。

　　锯齿佛塔树一直是澳大利亚东部的一种常见树种。它和佛塔树属的其他品种一样，都是开阔的干旱林中典型的树种，也是这里植物生态中不可或缺的一部分。这些植物特有的花，为大量昆虫、鸟类、无脊椎动物和哺乳动物提供了珍贵的花蜜。

　　目前，佛塔树属共有约170个品种，除了一种外，其余全都是澳大利亚本地树种。佛塔树属中各树种的高度相差悬殊，既有低矮的灌木，也有高达30米的大树。

　　在基尤植物园的温带植物区，生长着各种各样的佛塔树。

小叶槐（*Sophora microphylla*）

1769年年末，班克斯在新西兰的几个地方偶遇了一些常绿树，当地人称之为kōwhai（小叶槐）。1771年，他将一些种子带回英国。这种相对普通的小叶槐是当今新西兰非官方的国花。这种植物会开出细长的黄花，吊挂在树枝上，在光亮的羽状小树叶映衬下，就像一串串金色的铃铛，煞是醒目。在新西兰，小叶槐是一种很流行的园林树种，树高4~8米。这种植物的一些部位，尤其是成熟的种子是有毒的。

今天，这种树中最知名的人工培育变种之一叫作"太阳王"，在晚冬和初春开花时节，会为英国的公园增添一抹绚丽的色彩。

在基尤植物园，可以在温带植物区看到这种树，另外一些生长在西苏塞克斯郡维克胡斯特（Wakehurst）的基尤野生植物园。

沃尔特·胡德·菲奇于1840年创作的这幅画，刊载于《柯蒂斯植物学杂志》，完美再现了这种美丽的新西兰植物的特征。

莫顿湾或坎宁南洋杉（*Araucaria cunninghamii*）

南洋杉是艾伦·坎宁安（见第60页）于1824年在邻近布里斯班的莫莱顿湾沿岸发现的。坎宁安是班克斯的澳大利亚植物收集人。班克斯自己在1770年见过这种树，而参加1774年弗林德斯船长探险航程的罗伯特·布朗也见过，他是班克斯麾下的植物学家。坎宁安认为，根据前两次考察，这种树与诺福克岛松树（*Araucaria heterophylla*，即异叶南洋杉）是同一种树。不过，坎宁安认为还是有所不同，便搜集了这种树并带回了基尤植物园。在那里，专家对这种树进行了认真研究，并给该树种定了一个名称。

作为一种古老的针叶树种，南洋杉属于新南威尔士北部和昆士兰东部干旱林中的本地树种。南洋杉生长过程十分缓慢，但待它们长成时，会变得高大、挺拔、俊美。现存最大的南洋杉林之一在澳大利亚拉明顿国家公园（Lamington National Park），该公园位于新南威尔士与昆士兰的边界处。

这幅南洋杉的插图，出自基尤植物园 1839 年限量版《乌邦松树园》（*Pinetum woburnense*），这本画卷描绘了由当时乌邦修道院的贝德福德公爵（Duke of Bedford）收集的所有这类针叶树种。

Passiflora aurantia

橙瓣西番莲（*Passiflora aurantia*）

在"奋进"号探险航行期间，班克斯采集了两种西番莲属植物——澳大利亚的橙瓣西番莲（*Passiflora aurantia*）和新西兰的粉防己西番莲（*Passiflora tetrandra*）。橙瓣西番莲是澳大利亚本地生的三种西番莲之一。1770年，班克斯在昆士兰的茵来特斯湾（Bay of Inlets）第一次发现了这种不同寻常的藤蔓类植物。在生长地的冬春两季，是橙瓣西番莲的盛花期，每一朵花初开时呈米黄色或浅桃红色，待到成熟时会变成橙红色。这些花随后会结出紫色的卵状小果实。需要注意的是，这种果实不可食用。

这种炫目的植物在亚热带和温带地区都能生长（尽管它并不耐寒），而且成了一种具有经济价值的植物。2018年，英国皇家邮政局发行了一枚邮票，以纪念库克船长驾驶"奋进"号探险250周年。票面图案是班克斯及其旁边的这种植物（这种植物最初由悉尼·帕金森绘制），这幅版画是根据这枚邮票图案创作的。

在基尤植物园的威尔士王妃温室，可以欣赏到各种各样动人的西番莲。

这种西番莲也出现在了亨利·安德鲁斯著的《植物学家的宝库》（*The Botanist's Repository*）中，书中称之为诺福克岛西番莲（Norfolk Island passionflower）。该书专门记录所发现和搜集的新奇稀少植物物种。根据这本书的描述，诺福克岛西番莲的种子于1792年被引入英国，初次栽培是在伦敦附近的哈默史密斯苗圃。安德鲁斯著的这套图书（10册）在1797——1811年陆续出版，现存于基尤图书馆。

天竺葵

天竺葵是当今很多家庭阳台上摆放的一种绿植，我们对它已经习以为常了，但在过去，它曾是一种极度稀缺且广受青睐的花卉。基尤植物园的第一位植物搜寻者弗朗西斯·马森从南非收集了47种天竺葵属植物，运至基尤植物园的各园中。这些天竺葵既栽培在基尤植物园的温室中，同时又在室外进行试验培植，以检验其耐寒特性。在许多苗圃中，天竺葵迅速走红，在家庭阳台和花园中也逐步占有一席之地，且地位日益巩固。

马森引进的部分品种至今仍极受青睐，尤其是叶子散发着香味的品种，如类橡树叶的栎叶天竺葵（*Pelargonium quercifolium*），类松针的齿叶天竺葵（*Pelargonium denticulatum*）。

到了1789年，艾顿在《基尤植物标本集》中已经列举了102种天竺葵属植物。今天，我们已知大约有280种天竺葵，其中的200种原产于南非。

在基尤植物园的威尔士王妃温室，可以看到多种天竺葵及其变种。

这幅齿叶天竺葵插图选自罗伯特·斯威特（Robert Sweet）1820——1830 年绘制的多卷画册《牻牛儿苗科植物》（*Geraniaceae*），这套画册现存于基尤图书馆。

倒挂金钟

班克斯对引入基尤植物园的所有植物都充满了激情。只要一有植物运到，他经常会迫不及待地去察看。据说当猩红倒挂金钟（*Fuchsia coccinea*）从南非运抵时，由于不想将它托付给别人，他亲自小心地把它搬入温室中。第二年（很可能已过花期），《园林新闻》惊呼"这是一种超级美丽的植物"。据说，1789年时每株倒挂金钟价值高达1基尼（guinea，1663年英国发行的一种金币，1813年停止流通），相当于今天的100多英镑。

倒挂金钟的拉丁文属名"*Fuchsias*"，是以莱昂哈特·富克斯（Leonhart Fuchs，1501—1566）的姓氏命名的，他是一位德国植物学家，也是16世纪一本著名植物志的作者。尽管第一株倒挂金钟是在17世纪末由查尔斯·普卢米尔（Charles Plumier）发现的，但似乎直到1788年，才由一位叫弗思（Firth）的船长将猩红倒挂金钟从巴西运抵英国，并转送至基尤植物园。随着更多倒挂金钟品种从南美抵达，英国迅速掀起了一股追逐倒挂金钟的热潮。

在基尤植物园温带植物区的前部和阿吉厄斯改良培育园，我们可以欣赏到一系列公开展出的耐寒和半耐寒倒挂金钟品种。

这幅猩红倒挂金钟版画，由皮埃尔·约瑟夫·勒杜泰创作，选自基尤图书馆收藏的《最美的花》。

全球的遗产

班克斯生活在一个令人振奋的非凡时代，一个似乎充满着无穷新发现的时代，一个对已知世界不断进行扩张的时代，简言之，是"一个神奇的时代"。以我们今天的视角来看，尽管人们对其一生的评价充满矛盾和争议，但班克斯所取得的成就却是非凡的。他用自己的行动表明，对他而言，世界上有许多东西比他尊贵的教养更加重要。从面包树到大麻，他对植物的观赏性、独特性和实用性极度痴迷，这种痴迷是与生俱来的。他九死一生的探险经历以及他所描述、收集和运到英国的植物总数，至今无人可比。

就他一生所为能否成为全球遗产这个话题，在历史学家及当年探险地民众中都存在着大量争论，但有一点毋庸置疑，那就是植物学这门学科的发展应该主要归功于他非凡的智慧和强烈的热忱。若是没有他对知识无止境的追求和对自然科学的倾力支持，园艺学和植物艺术的发展、基尤植物园以及世界上许多其他植物收集机构的建设发展，就不会有今天的繁荣景象。

班克斯是一位影响深远的历史人物。他担任英国皇家学会主席长达41年；主持开办了旨在促进交流的植物学早餐会，全力支持自然科学家、植物收集者和艺术家

在生命的晚年，班克斯被册封为准男爵和佩戴巴斯勋章的二级爵士（图中班克斯佩戴着绶带和星形勋章）。他对英国许多科学和园艺机构都有着巨大的影响。

班克斯于 1820 年 6 月 19 日辞世。这幅画作的原件为英国皇家学会的收藏品。

图片来自韦尔科姆收藏馆

的事业发展。他记录下了大量远赴世界各地进行探险的活动。他鼓舞启发了亚历山大·冯·洪堡（Alexander von Humboldt）、查尔斯·达尔文等具有非凡创新思想的科学家。他利用自己在英国海军部门的巨大影响力，使自然科学家（和艺术家）能名正言顺地搭乘海军舰艇远洋航行，为此后的科学发现铺平了道路（因为此前达尔文曾被阻止登上英国皇家海军"比格尔"号，HMS Beagle）。

如果没有班克斯的远见卓识，基尤植物园很可能至今仍是伦敦郊区的一个小小皇家花园。今天在基尤植物园中，可以看到精选出来的班克斯部分物品，包括手工制品、信件、植物标本集中的标本以及有关植物等，也可以看到许多他人的物品，而这些人都是受过班克斯资助和影响的人。班克斯将基尤一步步打造成具有世界影响力的植物圣地，这些珍贵的实物就是一种见证。

"奋进"号的探险之旅具有持久的影响力。对于这次旅程中的发现、收藏和遗产等话题，人们至今还在进行着讨论，特别是当这些文化遗产开始被送回原产地，这些国家需要建立本地植物保护工程时，人们对相关话题的讨论就更加热烈。可以说，那次探险之旅至今仍能被人们所铭记，主要应归功于班克斯的亲自参与。通过阅读本书，希望读者能够认可一点，那就是：**班克斯的人生就是一次漫长的植物探险之旅**。

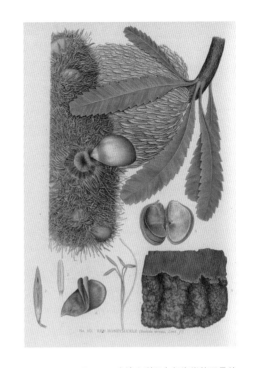

在澳大利亚东部海岸的干旱林中生长着大量锯齿佛塔树，因此班克斯自然而然能够收集到这个树种。这种植物淡黄色或米色的花序向上直立生长，高约12厘米，叶子又大又硬，呈明显的锯齿状，因此，其种名的拉丁文为"*serrata*"（锯齿状），英文为"saw banksia"（中文称"锯齿佛塔树"）。另外，由于这种植物外观粗糙，疤节密布，它还获得了另外一个英文名"old man banksia"（老人佛塔树）。该图选自1830年出版的《爱德华植物名录》。

参考资料及书目

The Endeavour Journal of Sir Joseph Banks: Read online at http://gutenberg.net.au/ebooks05/0501141h.html.

Aughton, P. (1999) *Endeavour*: *Captain Cook's First Great Voyage*, Windrush Press.

Banks, R. E. R., Elliot, B. et al. (1994) *Sir Joseph Banks*: *A Global Perspective*, Royal Botanic Gardens, Kew.

Carter, H. B. (1988) *Sir Joseph Banks*, British Museum.

Chambers, N. (2016) *Endeavouring Banks*: *Exploring Collections from the Endeavour Voyage,* Paul Holberton Publishing.

Davidson, J. (2019) *The Cook Voyages Encounters*, Te Papa Press.

Desmond, R. (2007) *The History of the Royal Botanic Gardens Kew,* second edition, Royal Botanic Gardens, Kew.

Frame, W. & Walker, L. (2018) *James Cook*: *The Voyages*, British Library Publishing Division.

Gascoigne, J. (1994) *Joseph Banks and the English Enlightenment*: *Useful Knowledge and Polite Culture*, Cambridge University Press.

Gooding, M., Mabberley, D. & Studholme, J. (2017) *Joseph Banks' Florilegium*: *Botanical Treasures from Cook's First Voyage*, Thames and Hudsonv.

Harrison, C., & Kirkham, T. (2019) *Remarkable Trees*, Thames and Hudson.

Holmes, R. (2009) *The Age of Wonder*: *How the Romantic Generation Discovered the Beauty and Terror of Science*, Harper Press.

Lack, W. (2015) *The Bauers Joseph, Franz & Ferdinand*: *An Illustrated Biography*, Prestel.

Lysaght, A. M. (1971) *Joseph Banks in New-foundland & Labrador, 1766*, Faber and Faber.

Mabberley, D. (2017) *Painting by Numbers*: *the life and art of Ferdinand Bauer*, New South Publishing.

O'Brian, P. (2016) *Joseph Banks*: *A Life*, Folio Society.

Parkinson, S. (1773) *A Journal of a Voyage to the South Seas in his Majesty's Ship, The Endeavour.*

Stearn, W. T. (1969) 'A Royal Society Appointment with Venus in 1769', *Notes and Records of the Royal Society of London*, 24:1, pp. 64-90.

Stearn, W. & Stewart, J. (1993) *The orchid paintings of Francis Bauer*, Timber Press.

Wulf, A. (2013) *Chasing Venus*: *the race to measure the heavens*, Windmill Books.

索引

这是约瑟夫·班克斯所用拐棍之一，是 J.S. 亨斯洛（J. S. Henslow）教授于 1851 年赠送给基尤植物园的。亨斯洛是一位热心的植物学家，也是威廉·胡克和查尔斯·达尔文的好友。据说这根拐棍是由甘蔗秆做的。

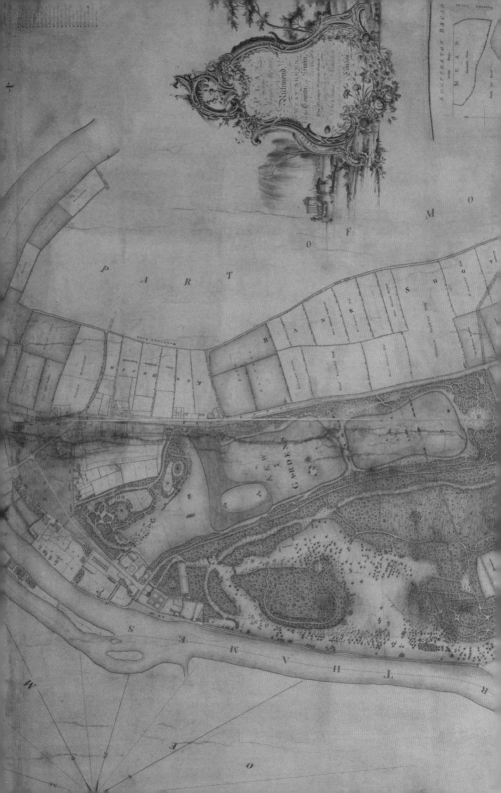